浦江郑义门营造技艺

浦江郑义门营造技艺

总主编 金兴盛

浙江省非物质文化遗产代表作丛书

浙江摄影出版社

林友桂 编 著

总 序

中共浙江省委书记
省人大常委会主任 夏宝龙

　　非物质文化遗产是人类历史文明的宝贵记忆，是民族精神文化的显著标识，也是人民群众非凡创造力的重要结晶。保护和传承好非物质文化遗产，对于建设中华民族共同的精神家园、继承和弘扬中华民族优秀传统文化、实现人类文明延续具有重要意义。

　　浙江作为华夏文明发祥地之一，人杰地灵，人文荟萃，创造了悠久璀璨的历史文化，既有珍贵的物质文化遗产，也有同样值得珍视的非物质文化遗产。她们博大精深，丰富多彩，形式多样，蔚为壮观，千百年来薪火相传，生生不息。这些非物质文化遗产是浙江源远流长的优秀历史文化的积淀，是浙江人民引以自豪的宝贵文化财富，彰显了浙江地域文化、精神内涵和道德传统，在中华优秀历史文明中熠熠生辉。

　　人民创造非物质文化遗产，非物质文化遗产属于人民。为传承我们的文化血脉，维护共有的精神家园，造福子孙后代，我们有责任进一步保护好、传承好、弘扬好非物质文化遗产。这不仅是一种文化自觉，是对人民文化创造者的尊重，更是我们必须担当和完成好的历史使命。对我省列入国家级非物质文化遗产保护名录的项目一项一册，编纂"浙江省非物质文化遗产代表作丛书"，就是履行保护传承使命的具体实践，功在当代、惠及后世，有利于群众了解过去，以史为鉴，对优秀传统文化更加自珍、自爱、自觉；有利于我们面向未来，砥砺勇气，以自强不息的精神，加快富民强省的步伐。

党的十七届六中全会指出，要建设优秀传统文化传承体系，维护民族文化基本元素，抓好非物质文化遗产保护传承，共同弘扬中华优秀传统文化，建设中华民族共有的精神家园。这为非物质文化遗产保护工作指明了方向。我们要按照"保护为主、抢救第一、合理利用、传承发展"的方针，继续推动浙江非物质文化遗产保护事业，与社会各方共同努力，传承好、弘扬好我省非物质文化遗产，为增强浙江文化软实力、推动浙江文化大发展大繁荣作出贡献！

（本序是夏宝龙同志任浙江省人民政府省长时所作）

前 言

浙江省文化厅厅长 金兴盛

国务院已先后公布了三批国家级非物质文化遗产名录，我省荣获"三连冠"。国家级非物质文化遗产项目，具有重要的历史、文化、科学价值，具有典型性和代表性，是我们民族文化的基因、民族智慧的象征、民族精神的结晶，是历史文化的活化石，也是人类文化创造力的历史见证和人类文化多样性的生动展现。

为了保护好我省这些珍贵的文化资源，充分展示其独特的魅力，激发全社会参与"非遗"保护的文化自觉，自2007年始，浙江省文化厅、浙江省财政厅联合组织编撰"浙江省非物质文化遗产代表作丛书"。这套以浙江的国家级非物质文化遗产名录项目为内容的大型丛书，为每个"国遗"项目单独设卷，进行生动而全面的介绍，分期分批编撰出版。这套丛书力求体现知识性、可读性和史料性，兼具学术性。通过这一形式，对我省"国遗"项目进行系统的整理和记录，进行普及和宣传；通过这套丛书，可以对我省入选"国遗"的项目有一个透彻的认识和全面的了解。做好优秀传统文化的宣传推广，为弘扬中华优秀传统文化贡献一份力量，这是我们编撰这套丛书的初衷。

地域的文化差异和历史发展进程中的文化变迁，造就了形形色色、别致多样的非物质文化遗产。譬如穿越时空的水乡社戏，流传不绝的绍剧，声声入情的畲族民歌，活灵活现的平阳木偶戏，奇雄慧黠的永康九狮图，淳朴天然的浦江麦秆剪贴，如玉温润的黄岩翻簧竹雕，情深意长的双林绫绢织造技艺，一唱三叹的四明南词，意境悠远的浙派古琴，唯美清扬的临海词调，轻舞飞扬的青田鱼灯，势如奔雷的余杭滚灯，风情浓郁的畲族三月三，岁月留痕的绍兴石桥营造技艺，等等，这些中华文化符号就在我们身边，可以感知，可以赞美，可以惊叹。这些令人叹为观止的丰厚的文化遗产，经历了漫长的岁月，承载着五千年的历史文明，逐渐沉淀成为中华民族的精神性格和气质中不可替代的文化传统，并且深深地融入中华民族的精神血脉之中，积淀并润泽着当代民众和子孙后代的精神家园。

岁月更迭，物换星移。非物质文化遗产的璀璨绚丽，并不意味着它们会永远存在下去。随着经济全球化趋势的加快，非物质文化遗产的生存环境不断受到威胁，许多非物质文化遗产已经斑驳和脆弱，假如这个传承链在某个环节中断，它们也将随风飘逝。尊重历史，珍爱先人的创造，保护好、继承好、弘扬好人民群众的天才创造，传承和发展祖国的优秀文化传统，在今天显得如此迫切，如此重要，如此有意义。

非物质文化遗产所蕴含着的特有的精神价值、思维方式和创造能力，以一种无形的方式承续着中华文化之魂。浙江共有国家级非物质文化遗产项目187项，成为我国非物质文化遗产体系中不可或缺的重要内容。第一批"国遗"44个项目已全部出书；此次编撰出版的第二批"国遗"85个项目，是对原有工作的一种延续，将于2014年初全部出版；我们已部署第三批"国遗"58个项目的编撰出版工作。这项堪称工程浩大的工作，是我省"非遗"保护事业不断向纵深推进的标识之一，也是我省全面推进"国遗"项目保护的重要举措。出版这套丛书，是延续浙江历史人文脉络、推进文化强省建设的需要，也是建设社会主义核心价值体系的需要。

在浙江省委、省政府的高度重视下，我省坚持依法保护和科学保护，长远规划、分步实施，点面结合、讲求实效。以国家级项目保护为重点，以濒危项目保护为优先，以代表性传承人保护为核心，以文化传承发展为目标，采取有力措施，使非物质文化遗产在全社会得到确认、尊重和弘扬。由政府主导的这项宏伟事业，特别需要社会各界的携手参与，尤其需要学术理论界的关心与指导，上下同心，各方协力，共同担负起保护"非遗"的崇高责任。我省"非遗"事业蓬勃开展，呈现出一派兴旺的景象。

"非遗"事业已十年。十年追梦，十年变化，我们从一点一滴做起，一步一个脚印地前行。我省在不断推进"非遗"保护的进程中，守护着历史的光辉。未来十年"非遗"前行路，我们将坚守历史和时代赋予我们的光荣而艰巨的使命，再坚持，再努力，为促进"两富"现代化浙江建设，建设文化强省，续写中华文明的灿烂篇章作出积极贡献！

2013年11月20日

目录

地理与历史

郑义门古建筑群位于浙江省浦江县东部，白麟、玄麓两溪穿行其间，流入浦阳江。从北宋末年开始，郑氏家族在此累世聚居，身体力行儒家教义，至今已九百余年，号称「江南第一家」。

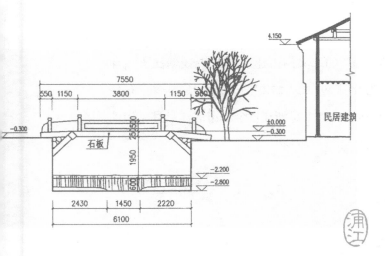

4.150

7550

550 1150 3800 1150 960

±0.000
−0.300

−0.300

石板

250 500

1950

600

−2.200
−2.800

2430 1450 2220

6100

民居建筑

浦
江

地理与历史

[壹]村落的选址与格局

    被称为"江南第一家"的郑义门古建筑群位于钱塘江支流浦阳江上游,地理坐标为北纬29° 29′ 27.0″ —29° 29′ 29.2″,东经120° 00′ 34.0″ —120° 00′ 38.7″,是浙江省金华市浦江县郑宅镇的

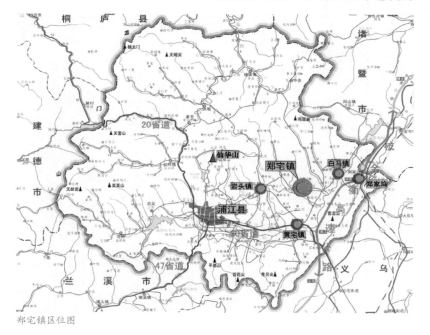

郑宅镇区位图

主要历史建筑。

郑宅镇是浦江县东部主要集镇之一，距离县城约12公里，东临白马镇，北邻中余乡，南接黄宅镇，西临岩头镇。西北方向10公里即为著名的仙华山景区。镇域总面积41.09平方公里，海拔高度61米，辖34个行政村，户籍人口2.8万，在这些行政村中，郑姓人口占到了一半左右，其中有些村落甚至达到80%以上。

浦后公路与白麟溪交叉将郑宅分割为几大块，古建筑群就散布在这几个区块中。郑氏宗祠是郑宅的中心，整个镇区围绕着宗祠，沿道路、溪流向四周扩散。郑义门古建筑群是浦江郑氏家族实行"以儒治家"、"合食共居"义举的重要历史文化遗存，2001年被国务院公布为全国重点文物保护单位。

浦江郑氏家族从北宋末年开始在郑宅定居，至今已有九百多年的历史。郑氏家族累世聚居，身体力行儒家教义，跨宋、元、明三朝。郑义门古建筑群为研究儒学思想和义门大家族生活以及浙中地区古代建筑史和村镇发展，提供了重要的史料和实物例证。

从地理环境看，郑宅镇地处浦江盆地东部，浦阳江北岸，其南部为平原，北部为丘陵和山地，有深溪、白麟溪、芦溪（嵩溪）等几大溪流，均由西北部入境流向东部边境的浦阳江。其中白麟、玄麓两溪穿镇而过。

农耕社会古村落的选址与空间布局，从小的方面看与村人的日常生活直接相关，大的方面则关系到子孙后代的繁衍乃至整个家族的兴衰。因此，在当时的条件下，从山脉的走向以及水的流向来判断选址是否合理，成为风水师乃至部分家族成员的一种必备的知识。尽管在传统的风水理论中，过分强调了山水的形状、大小、高低、走向等因素形成的"凶吉"象征，但从现代的观点来看，这种"凶吉"观念实际上一方面是强调了人与天地之间的相生共存的特性——人是天地之中的人，人的行动必须遵循天地规律才能得到安宁与健康；另一方面，它让子孙后代也从和谐的风水中获得便利，获得自信，一方好水土能将一个村落男女老少的生活调配得风和日丽，在这样的基础上才能有耕读风气的绵延——从这个角度看，风水观念不仅仅是风水师看世界的方式，同时也反映出中国人对待万事万物的态度。

浦江人家自古有重金礼聘风水先生的风俗，风水先生被常年奉养在家，称为"地师"，他的工作即是专门探寻吉地。风水先生可以按照玄理，定名点穴，同样也可以由他点破"吉地"。建筑阳宅、动土奠基、竖柱架梁，都要请风水先生选日拣时。

从风水学这个背景下来考察郑宅的古建格局，居于村落中心位置的祠堂就可以看出端倪。浦江民间建造住宅，按照传统的做法，一般要根据"来龙"、"水口"、"左右手"和朝向等条件选择阳基。传统风水理论认为蕴藏山水之"气"的地方最为理想，为达到"聚气"的目的，理想的村落选址模式为："背有靠、前有照，负阴抱阳；左青龙右白虎；明堂如龟盖，南水环抱如弓。"郑氏祠堂始建于宋代，村落最初的位置就在祠堂西侧那一带。"风水之法，得水为上，藏风次之"，水为"山之血脉"，玄麓溪发源于玄麓山的高处，白麟溪则来自金蓉山的寺后源，经六转、赵郎、樟桥头转东，然后穿郑宅至后卢金汇入浦阳江。现在看到的白麟溪，实际上在明朝天启年间（1621—1627）改道过，在此之前，白麟溪并不像现在这样从祠堂的西边流过，它从悬柏原的东边擦过，然后沿着东南方向奔向昌三公祠和天神阁的中间地带。也就是说，从宋朝郑氏祖先移居此地开始，此水一直以这样的方位流淌了五百年，这个时间跨度包含了郑义门的整个同居时期以及小同居前期——在这个村落形成初期，祠堂的位置并没有像今天这样紧靠水

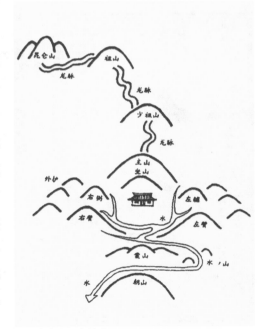

风水宝地的环境模式

源，而是正好位于白麟、玄麓两水的中间。那个时候位于村口的重点建筑应该是天将台（也称天神阁，始建于明洪武年间）以及孝感泉，后来随着村落的扩展，到明万历年间（1573—1620），村口在今义门桥的位置。这说明在明末之前，两水是呈环抱之势将祠堂及祖居包围起来的，符合"南水环抱如弓"的最佳方位，而玄麓山及雄壮的杨田岗支脉成为村落的主山与祖山，"青龙、白虎"也非常明显，左为官岩山，山形极似仰天的龙头，且伴有一水——浦阳江，右边则有

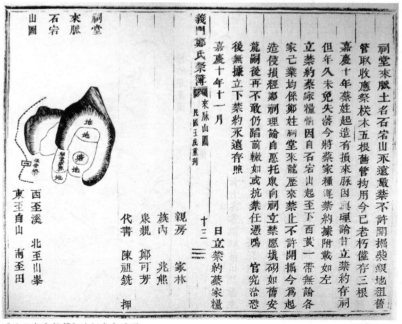

《义门郑氏祭簿》的祠堂来脉图

屏风山。也就是说，郑义门的选址从一开始就是比较理想的"藏风聚气"的格局。在《义门郑氏祭簿》中，明确绘制了"朝山图"和"祠堂来脉石宕山图"，关于朝山的文字说明为："旧载此山树木子孙永远不许砍斫，如有盗砍者呈官究治。"另一图则更明确地写道："祠堂来脉土名石宕山，永远严禁，不许开掘。"祭簿中还记载了嘉庆十年有户蔡姓人家，在祠堂来脉地带建造房屋，因"有损来脉，因与理论"，郑家人迫使蔡家立下了禁约存于祠堂中，怕"年久未免失落"，并将此条约附印于祭簿中。

以现代人的目光来看，居住条件的优劣当然要受自然环境的影响：位于北方的体积庞大的山脉在冬季显然可以挡住来自浙江北部的强劲寒风，而双溪在此汇合，则带来了源源不断的生活用水。不过，尽管此地在堪舆类书籍上被列为难得的风水宝地，但由于北方的群山区域储水量巨大，一旦遇到降水量大的季节，这里就很容易发生洪灾。据郑氏一族的典籍记载，水灾发生的频率很高，而且冲垮建筑物的大水灾也时有发生，从清朝乾隆庚申年（1740年）到嘉庆庚申年（1800年）的六十年间，冲垮桥梁、牌坊的大水灾就发生了四次。其中乾隆三十八年（1773年）五月十六日的大水破坏尤甚，田畴、陂堰、房舍、桥梁多被淹没冲坏，多人被淹死。

郑宅的中心有两个：宗祠和白麟溪，前者代表了郑姓人发源时最早的居住地，后者则代表着郑姓人血脉在这片土地上的绵延和发展，郑姓村落的格局就是在这两个中心的基础上逐渐生成的。两汉、隋唐及宋元时期的律令都鼓励家族累世同居，政府职能也努力同宗族制结合起来以加强对地方的统治。宗族制度的发达使得作为宗族象征的祠堂在居民的日常生活中占据着突出的地位，从祭祖衍生出来的各种公共活动自然使得祠堂成为聚落居住的核心。因此比较常见的情况是整个村落的布局以宗祠为中心展开，在平面形态上形成一种由内向外自然生长的村落格局。在郑宅，这种生长方式还受到了一条溪流的影响。

白麟溪是郑氏家族的母亲河，郑氏家族就是在白麟溪两岸逐渐繁衍扩大起来的，沿溪有丰富的文化遗存：郑氏宗祠、正德井、建文井、昌七公祠、昌三公祠、九世同居碑亭、孝感泉、玄

元代丞相脱脱题写的"白麟溪"碑

麓山房等。这些遗存与白麟溪一样，它们都是郑宅孝义治家文化的组成部分。

　　"白麟"二字来自郑姓祖先的名讳。淮公迁浦后，改原香岩溪为白麟溪，元朝丞相脱脱亲书"白麟溪"三个大字以立碑。据《义门郑氏祭簿》载，白麟溪石碑一直到乾隆年间都立于崇义桥头，年久倒塌后，村人于乾隆癸酉年（1753年）将碑移至白麟庵桥头，靠着庵墙砖砌。于原处再立新碑，现在两碑都保存在祠堂中。郑氏家族还有一方重要的收藏印，刻着"仁义里白麟溪"六字，台北故宫博物院所藏的北宋书法家薛绍彭的《乍履危涂帖》以及元代周朗的人物画《杜秋图》上都盖有这方印。另外，郑氏把各种跟家族有关的文章汇集在一起付梓，书名就叫《麟溪集》，这部集子由郑大和于元末初次纂辑，未成而大和卒，郑涛、郑济继承郑大和之遗志，于大和卒后短短两个月时间内迅速完编。因此施贤明先生有这

北宋书法家薛绍彭的《乍履危涂帖》盖的两方印："仁义里白麟溪"、"浦江旌孝表孝义郑氏"

样的结论:"据正史《孝友(义)传》记载,累世同居的家族历来共有一百九十家左右……义门虽多,但能自觉搜集朝贤乡彦称述揄扬之作并寿诸梨枣、时时补益且流传至今者,千百年来,唯浦江郑氏之《麟溪集》而已。"[1]中国历史文化名人宋濂晚年被流放时,写下了"平生无别念,念念在麟溪"的诗句,直到现在,郑姓后人说起来还唏嘘不已。

因此,千百年来奔流不止的白麟溪已经成为一个文化符号,它书写着郑氏一族祖祖辈辈儒学治家的精神境界。从地理上讲,它是浦阳江的源头之一;从非物质的层面看,它同时也是浦江盆地文明的源头之一。

郑宅镇地处浦江盆地最北面,靠近山脉,地势已较南部抬高,所以一年之中,除了夏季容易发大水,其他季节特别是冬季水源相对比较缺乏。明正统十四年(1449年)和天顺三年(1459年),同居家族两次不慎失火,烧毁无数房屋和其他家产,因此到了明成化十五年(1479年),同居时代结束——在过去的年代,水是火的头号克星,缺乏水的季节意味着火灾的可能性大大增加。因此在明代末年,同居第十五世祖郑崇岳(1501—1569),任云南按察使,致仕归家,进行白麟溪改道工程,引深溪之水入白麟溪,以增水源,在流经村中的

[1] 施贤明《〈麟溪集〉的文献价值论略》,《古籍整理研究学刊》2012年第2期,20页。

溪上，建造"十桥九闸"，蓄水以防洪抗旱、饮用洗濯，同时也为消防备足水源。

从下图可以看到（图中绿色线条是明朝改道之前的白麟溪流向），沿着明朝以前的白麟溪走向，主要有以下这些建筑物：元鹿山房、九世同居碑亭、昌七公祠、守义堂、荷厅、官房、老佛社（昌三公祠）、孝感泉等，这些建筑尽管基本是清代或民国时所建，但也有部分始建年月可以追溯到九世同居时期，比如同居早期的荷厅、孝感泉，同居后期的守义堂，有些则是在原有基础上的重建，比如昌七公

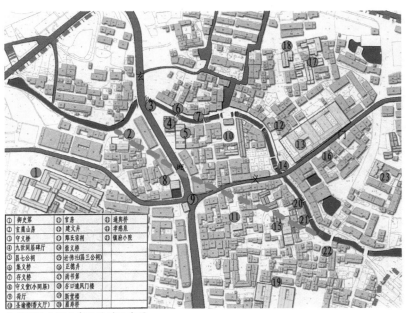

① 御史第	⑩ 官房	⑲ 通聚桥
② 玄鹿山房	⑪ 建文井	⑳ 孝感泉
③ 守节桥	⑫ 郑氏宗祠	㉑ 保府小院
④ 九世同居碑厅	⑬ 崇义桥	
⑤ 昌七公祠	⑭ 老佛社(昌三公祠)	
⑥ 集义桥	⑮ 正德井	
⑦ 存义桥	⑯ 尚书第	
⑧ 守义堂(小同居)	⑰ 谷口遗风门楼	
⑨ 荷厅	⑱ 新堂楼	
⑩ 圣谕楼(香火厅)	⑲ 眉寿桥	

白麟溪边古迹分布及改道示意图

祠是在元代同居时期同心堂的遗址上建成的，而九世同居碑亭则明确地告诉后人这一带曾是九世同居时期郑氏族人集中饮食的地方。沿着改道之后的白麟溪，则有圣谕楼、木牌坊（旌孝门）、郑氏宗祠等建筑，其中宗祠一开始并不是靠溪而建的，不是先有溪后有宗祠，在溪流改道之前数百年，宗祠已经在那里了，溪流改道的目的之一是为了宗祠防火的需要。木牌坊则是溪流改道之后的产物。与溪流配套而建的标志性建筑是十桥九闸，它的建成使得仅具实用性功能的白麟溪成为郑宅中一处最耀眼的景区。

　　白麟溪穿村曲折而过，每座桥下设以水闸，便于用水洗濯。石

白麟溪依然是人们重要的生活水源

桥水闸沟通南北，方便行人，成为义门的一大特点。正如千年前一样，白麟溪目前仍是郑宅人的重要生活水源，尽管近年来因为工业的发展水质受到影响，人们不再饮用溪水，但浣衣、清洗蔬菜、洗农具等大多数与水相关的事，还是在白麟溪中完成的，白麟溪依然是活动着的、富有生命力的水源。

　　白麟溪两岸种有桃花和杨柳，一棵桃树间一棵杨柳，沿溪硬质的铺设也充满着变化，有碎石、泥土、石板等。两岸也不是单调的线性空间，沿溪的空间节奏非常有韵味，既有宽窄变化的沿溪步道，也有适合集会用的广场和深入两岸住宅的巷道，而横跨两岸风格不

白麟溪上的古桥

同的石桥则更为这种节奏增添了丰富的内容。而沿溪建筑的立面风格则非常丰富。从明清古建筑、民国时期的建筑到新中国成立后的新建筑，建筑风貌多样而统一。

白麟溪上的十桥九闸，每桥一闸用于蓄水，十桥均由"义"字命名，是古镇文化的聚集地和风景线。据郑定汉考证，这十桥还有这样的一段有关风水的说法：郑宅地形三面环山，中间自然形成一个小盆地，人称"金盘形"，但因白麟溪穿村而过，如同金盘中出现一条裂缝，后经堪舆家指点，在白麟溪两岸跨筑十桥九闸，连接两岸，以弥补金盘裂缝。这十座桥也曾屡建屡毁。乾隆庚申年（1740年）夏季发大水，十座桥尽被山洪冲坏，族中慕义者集资重造，不数月而俱成，这次还增造了三座。乾隆癸巳（1773年）、庚子（1780年），嘉庆庚申（1800年）三次，溪上十余座石桥，又被大水冲坏，族中仍慕义重建。其九世同居碑亭前石坎，并旌义桥、旌门、祠堂门首、孝感泉等处溪坎，俱祠中修砌。

十座石桥中有六座均为清代重建。

眉寿桥位于冷水村麟溪南路15号北门前白麟溪上，系清代建筑，东西向，为单孔折边石桥，全长6.2米，桥面宽1.7米，矢高1.6米。两端各有斜撑柱四根以锁石连接，上覆青石板。桥北侧阴刻楷书"眉寿桥"，旁阴刻"嘉庆丁卯昌三公"的字样，南侧字迹模糊。

通舆桥位于冷水村麟溪南路15号北门前白麟溪上，系清代建筑，东西向，横跨白麟溪上，为单孔折边石桥，全长6.5米，桥面宽1.3米，矢高1.6米。两端各有斜撑柱四根以锁石连接，上覆青石板。桥南侧刻有"通舆桥"三字，字迹已模糊。桥北侧刻有"道光戊申年，道生公重修，嘉庆辛丑年□宜公造"的字样。

存义桥位于郑宅白麟溪上玄麓桥边，建于宣统三年（1911年），单孔折边石桥，南北向，横跨白麟溪上，桥长5.25米，桥面宽2米，矢高1.9米。桥面由五块青石条铺就，桥西侧刻有"存义桥宣统三年后裔重修"字样。紧邻古桥西侧建有新桥。

集义桥位于九世同居碑亭前，系清代建筑，南北走向，为单孔折边石桥，横跨白麟溪上，桥长4.88米，桥面宽1.94米，矢高1.6米，两端各有斜撑柱五根，上覆石梁，东侧梁上阴刻"乾隆辛酉集义桥若奇公造"的

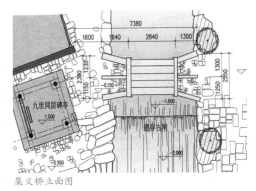

集义桥立面图

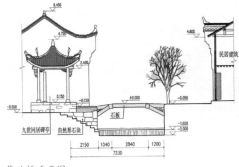

集义桥平面图

字样。

旌义桥位于麟溪北路72号门前，建于1811年，单孔折边石桥，南北向，横跨白麟溪上，桥长5.25米，桥面宽2.08米，矢高1.75米。两端各有斜撑柱四根，上覆石梁。西侧梁上阴刻"旌义桥，嘉庆辛未如月祠公造"的字样。"如月"是二月的别称。

崇义桥在郑氏宗祠西侧白麟溪上，南北走向，始建于清乾隆五年（1740年），壬午年间加建石栏板及栏杆，道光十一年（1831年）重修。该桥状若驼峰，俗称"驼背桥"，该桥为单孔斜撑石拱桥，桥两堍呈外八字形。桥长8.5米，桥面宽2.65米，由七块厚22厘米的长条形石板构成。东侧压梁上刻有"乾隆庚申（1740年）九月尔孝若橙造"字样。桥面两侧置五块石板作护栏，护栏高0.50米，宽0.30米，护栏两侧各有字，南侧阴刻

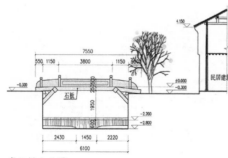

崇义桥立面图

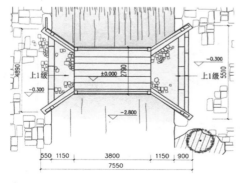

崇义桥平面图

崇义桥当地人称"驼背桥"

"乾隆廿七年，郑思馀建造栏石"字样，北侧阴刻"道光辛卯，郑思馀孙若雷重修石栏"字样。石质望柱每侧四根，望柱高0.78米，顶部雕刻有花纹。1984年4月，被列为县级文物保护单位，是"江南第一家"最早的文保单位。元相脱脱手书"白麟溪"碑石一块，原竖在桥北，年久风化倒塌，后置于祠堂墙上，现被移至祠堂中保存。崇义桥是十桥九闸中建筑级别最高的一座桥，是郑氏家族以儒治家、奉行孝义的重要实物例证。

白麟溪宽不过三五米，远没有大江大河的气势，桥也是小桥，却正是这小桥流水人家，为世人构建了诗书礼乐的另一种家园。白

白麟溪

麟溪在郑氏家园中有着无与伦比的崇高地位，吟诵白麟溪的诗文
在《麟溪集》中随处可见。如明代洪武年间，国子助教张昌曾写有
一诗：

> 麟之水，清不浑
>
> 溪上人家旌义门
>
> 义门峨峨倚青云
>
> 前有孝子后仪昆
>
> 代父受刑争弟死

英风烈烈今犹存

麟之水，清且洁
老母甘之旱复竭
孝子号天山石裂
深泉涌出香逾冽
至诚感神名不灭

麟之水，流沄沄
始从冲素到乃孙
传家九叶聚不分
世有哲人诗礼敦
闺庭雍穆春风温
幼幼长长尊其尊
粲然有文秩有伦
正家丧祭冠与婚
分赢济厄活乡邻
远慕近化饶为淳

麟之水，清且沚
世乱兵戈若云起
存者伤痍亡者死
千村万落生荆杞

独有义门山如坚

一门两百口俱全

积善之家余庆延

皇天降鉴无私偏

麟之水，清且涟

放诸四海达百川

益浚其流开其源

九世百世绵其传

《麟溪集》甲卷

[贰]宗族同居习俗的渊源

郑义门建筑是伴随着浦江大家族同居共食而产生的，因此它的建筑功能必然也与同居的历史密切相关。现存的新堂楼（敬义堂）、垂裕堂等，都是可供百人以上同居的大型民居建筑。此外，在漫长的岁月中，建筑由于本身的寿命以及战争、自然灾害、自然环境的变化而导致了此消彼长，一座建筑消失于尘埃，另一座建筑又拔地而起。《麟溪集》中提到的许多建筑，如元代郑泳的半轩、清代郑尚芟的浣云轩等，现在已经了无踪迹。有的建筑消失后还有些人记得它的所在，但也有人却把它错认为是另一幢建筑。如锁月楼，它在民国年间已经消失了，但有些人却认为现在元鹿山房中的文昌阁就是锁月

元鹿山房中的文昌阁

楼,很多人还写赞美它的诗歌。建筑个体的消亡、新生乃至整个建筑群落的发展其实跟人一样,凡是人自身存在的一些特长、品性甚至缺点,都能在建筑上找到对应。

从宋、元、明、清直到民国,郑家历史上出过无数的文人墨客,直到现在郑义门还有一批从事格律诗歌写作的文人,而且他们对郑家的历史颇有研究。诗性的土壤给予了建筑以诗性的生长空间,祠堂、古柏、溪水、桥梁乃至亭台楼阁,都充盈着郑家人心中的诗意。古柏伸出于祠堂上空,仿佛是宋濂先生拿着毛笔在天空顺手点染而成;古朴的孝感亭子,包裹着一泓清泉,它的水是甜的,但它同时又

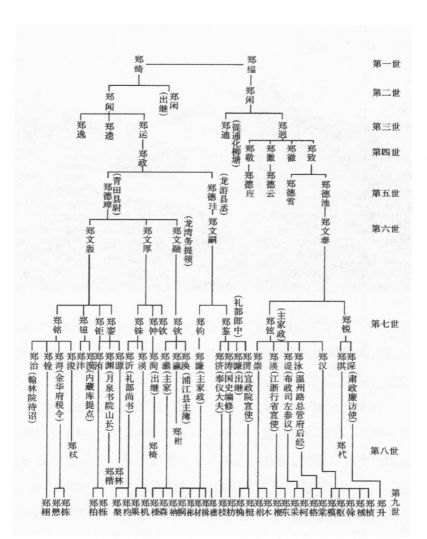

				第一世
郑绮	郑缊			第二世
郑闻　（出继）郑闲	郑闲			第二世
郑逸　郑邀　郑运—郑政	郑迪（徙通化柳塘）　郑洞			第三世
	郑敬—郑德理　郑徽—郑德云　郑徵—郑德雪　郑致—郑德池—郑文泰			第四世
（青田县尉）郑德璋　郑德珪—郑文嗣				第五世
郑文凿　郑文厚　（龙湾务提领）郑文融				第六世

"江南第一家"九世同居世系图表

具备了人生百味——它发源于"孝",惠泽于中国大地,四川的蜀献王也对之仰慕不已。喝下泉水同时也意味着喝下了一个流传千年的故事;圣谕楼被改建,毁于战火的旌表牌楼重新被造起来了,两者之间的广场上,书写着郑家人的荣耀,来自皇上的圣旨在这里反复被传递、祭拜,同样是这个广场,叠合着后世板凳龙的灯火、也叠合着每年八月初一的清代消防设备演习:水龙大会。

因此,郑义门建筑的历史,同时也是郑姓家族的历史。

同居共炊的风习

春秋时,今天之金华、衢州一带属于"姑蔑"(一作姑妹,即太末)之地,后姑蔑为越所灭,乃属越国。至战国,越又为楚国所败。秦始皇二十五年(公元前222年)定荆江南地,置会稽郡,浦江属会稽郡之乌伤、太末两县地。西汉和东汉时,浦江仍属会稽郡。唐天宝十三年(754年),析义乌、兰溪、富阳地置浦阳县,县治即今之浦阳镇所在地。唐代浦江分七乡,郑义门所在的感德乡(仁义里)辖二十至二十三都。

浦江家族数世同居共炊的风习由来已久。浦江中部平原地带以及郑宅所在的浦江盆地东部较早有人开始居住,姓氏颇为集中,除了郑姓,还有不少大姓聚族而居,世代相传,如平安张、黄宅、郑宅、傅宅、潘宅等,都是以一姓聚为数百户的大村。早在五代后梁贞明初(916年),浦江就有何千龄四世同居;南宋淳熙(1174—1189)前后,则有钟宅三世同居。延至清代康熙、咸丰年间，县内受到旌表或由官方赐给"五代同堂"匾额的就有十六家。当然，此风延续最久的首推郑氏义门，历经三百六十余年，同居十五世，人口如此庞大的同居姓氏在浦江唯此郑姓一家。

《浦江县志》"家庭"条载曰："旧时，以兄弟同居共炊作为'孝友'的标志之一。历史上的一些几世同居的大家庭，家规严谨，有兄弟子侄相互争赴就狱或代死的，为人传诵。过去的家庭组织一般较庞大，时至今日，兄弟中也不愿先提出分家要求。家中人相互称呼也讲礼貌。旧时呼名道姓的较少，公要称媳妇为'孺人'，夫妻互相呼为'某某爹（娘）'，妯娌间一般都叫'大姆'、'婶婶'，媳妇称丈夫的兄弟姐妹为伯、叔、姑；就是外出问路，也尊称别人为'同年伯（哥、弟、嫂）'。"——可见，一个庞大的同居家族其影响力是巨大的，足以左右一方土地的社会风俗。

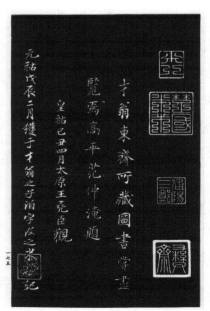

《三希堂法帖》中的"浦阳三郑"印章

同居的历史渊源

郑宅原名"承恩里"，北宋

末年郑家三兄弟在此落脚，南宋时易名三郑、仁义里（目前郑宅也有一个村以三郑为村名的）；元代因两次旌表为"孝义门"而改称郑义门；明代被旌表为"江南第一家"。义门以孝义同居闻名于世，历宋、元、明，事迹载刊于三朝正史。到清乾隆开始有郑宅的称呼，同时，"江南第一家"也成了郑义门的代名词。

据郑氏家族编的文集《麟溪集·郑氏谱图序》记载："郑氏出自姬姓，周厉王少子友，宣王母弟也，宣王二十二年，封友于郑，在荥阳宛陵西南，密迩王畿，奉内吏汉京之郑县是也。"郑姓源出荥阳（今河南荥阳）姬姓，周宣王封其异母兄弟郑友为郑国第一代君主，史称郑桓公。郑国被韩国灭亡后，遗留的子孙改姓为郑。郑姓的主要发源地为今河南中部一带。自三国始设荥阳郡之后，天下郑姓言源流者，皆曰出自荥阳。后来，郑桓公的第六十一世孙郑凝道任安徽歙县令，于是举家南迁。凝道之子郑自牖为殿中侍御史，

郑氏家族文献《麟溪集》

因直谏遭谪,又迁往浙江严州遂安,其十三子郑安仁为宋秘阁校理,因慕浦江朱悆才气,让自己的三个儿子渥、涗、淮跟随浦江县城朱悆习《春秋》。幼子郑淮,颖敏绝伦,朱悆以礼宠遇,约以外甥女为配,以故宋元符二年(1099年)正月,郑淮赘婿浦江县承恩里宣家(今白麟溪附近),为郑姓迁浦始祖。为不忘祖先,郑淮将承恩里的香岩溪改名为白麟溪,白麟系荥阳郑氏第四十五世祖。南宋初年,兵燹加上天旱,浦江发生饥荒,郑淮卖了自家的一千多亩田,用来救济灾民,这一义举使得郑家由盛转衰,不过也因此获得了地方百姓的敬重,故郑宅在南宋时易名为仁义里。淮之孙郑绮临终嘱咐子孙义居共炊,以孝义为宗,耕读传家,自此同居始,一时声名远播。乾道元年(1165年)受朝廷旌表,其事迹被载入《宋史》中的《孝友传》。郑绮,字宗文,赐号冲素处士,他与他早逝的兄弟郑缊(冲应处士)一起,为郑氏同居第一世,在祠堂祭祖时要同时从寝室请出冲素

毛策《孝义传家》是系统研究郑义门同居文化的著作

和冲应两个牌位到有序堂进行祭拜。

郑氏家族到了同居第五世，正逢宋元更替，国势日衰，"空村无烟火，动辄数十里"。社会的急剧变化使得社会各阶层之间出现此消彼长的互动关系，统治阶层在出现分化之后急需补充自身的力量，他们自然把目光投向处于乡村的大家族，这些家族的子弟身上没有前朝的尘埃，又熟读诗书可以提供治理国家的良方——这样的社会背景自然给这个家庭带来繁衍发达的机遇，为它垂名史册创造了条件。第五世主持家政的郑德璋是郑氏家族"九世同居"史上里程碑式的关键人物。据毛策先生《孝义传家》[1]一书总结，他一生在整治家业中做了三件大事，为巩固长久同居奠定了理论基础和物质基础。

其一是建立乡间联防武装，保卫邻里安宁。宋咸淳末年，"官政苛乱，恶少年弄兵钞掠，民皆避匿"[2]，为了社会安宁，郑德璋"以计诱致倡乱者，缚送有司"，"集同里作砦栅以防其余党之奔突"，乡里才得安宁。他的安保措施做得很好，因此，"常平使者王公霖龙行部嘉其捍卫乡井之功以闻于朝，会处州青田大盗数起，即以君为青田

---

[1] 《孝义传家——浦江郑氏家族研究》，毛策著，浙江大学出版社，2009年10月，21—22页。

[2] 《麟溪集：故处州青田县尉郑府君墓志铭》，黄溍撰。

尉"，郑德璋"度时事不可为，辞不赴"。[1]这些足以证明，郑氏家族凭着自己的孝迹和智慧，已经闻名朝野。

第二件具有开创意义的大事是制定了治家准则。郑德璋主家政时，"思以法齐其家，每晨兴，击钟集家众展谒先祠，聚揖有序堂上，申'毋听妇言'之戒"。[2]虽然郑德璋主家时这些治家之道还没有形成具体的家规，但这些严格按照祖训的践行，为其子郑大和日后制定初期的五十八则家规并赋予家规"法"的意义奠定了伦理基础。

第三件大事是创办东明精舍。因痛其子孙之不专心于学业，郑德璋于离家一里许之东明山创建东明精舍，广延地方上的宿儒名师执教，规定了年满十六岁的族人必须就读其中。他这种注重本族子弟教育的观念，后来被他儿子郑大和继承，郑大和扩展了东明精舍，并请了吴莱、宋濂来担任教职。从此之后，郑氏家族走上了以儒学治家的大道。

郑德璋行事有方，且生得一表人才，"身长七尺余，风神峻整，性尤方严"，因此在郑氏家族声望极高，可以看出郑德璋是一位较有远见的封建社会治家楷模。他从建立乡间联防武装、制定治家准则、开办家庭教育三方面入手，为郑氏家族的巩固做了开拓性的

---

[1] 同上。

[2] （元）揭傒斯《揭文安公集·孝友传三》。

努力。虽然他是以治家角度来从事三方面的建设，但这一建设过程实质上是将儒学观念与治家准则联系在了一起，将家和政权联系在一起。

郑德璋之子郑文融，字大和，他辞职归田专心主持家政，重视恢复家族古礼，他从家族藏书的图谱中寻找古器服的形制，亲自与子孙一起制作、实践，还聘请了翰林待制柳贯为家族教师，带领子孙对老师行冠礼。在他的努力下，婚、丧、祭等礼仪逐一得到了恢复。郑文融在父辈治家实践的基础上，邀请柳贯、吴莱等儒林学者参与，制定了《家范》五十八则，这就是郑氏家族史上著名的《郑氏规范》。

元至元三年（1337年）同居七世孙郑钦，督工营建宗祠一进五楹间，被朝廷旌表为"郑氏孝义之门"。并续订《家规》七十三则，由宋濂、柳贯审定。此后，《郑氏家规》相继三次修订增加至一百六十八则，使家族制度律法更臻严明。

至正六年（1346年），宋濂自金华迁居义门青萝山并建卧室、轩屋各三间，轩名"青萝山房"。从此，宋濂的人生轨迹就和郑氏家族重叠到了一起，郑义门对他来说，比他的家乡潜溪更别有一番情感牵连。郑宅也因为得到了一位良师而更有明媚风光了，这风光一直绵延至今，郑义门后人不仅在祠堂中供奉宋濂，且依然称宋濂为老师。元代是郑义门的影响力慢慢远播的年代，至正十年（1350年）受朝廷褒封为"浙东第一家"。至正十二年（1352年）又封"一门尚

郑氏宗祠中的古柏

义，九世同居"。是时宗祠扩建至三进二十七间，宋濂在祠内亲植龙柏十几株。

　　元至正十八年（1358年），朱元璋的军队进驻郑宅；至正二十八年（1368年），朱元璋在南京登基。郑义门从此迎来了它最风光的岁月。

从鼎盛到衰落

　　郑氏家族的鼎盛时期，正是朱元璋立国初年，这一时期到达显赫顶峰的标志为：一是郑氏孝义名气震撼朝野，因此明太祖朱元璋直接任命家族要人出任重职。据《郑氏宗谱》统计，明初从政的郑氏族人，被委以重任者有四十七人之多，其中有礼部尚书郑沂、内藏库提点郑漠、翰林院待诏郑治、大理寺左丞监察御史郑㮣等，这些

传为朱元璋亲笔书写的"孝义家"匾

来自郑义门的弟子成为明朝初年的台阁重臣。郑家人出仕居官遍布全国，计有福建、浙江、湖广、四川、安徽、江西、河南、云南、山东、陕西等地。据说这些耕读出身的郑家人的出仕生活并非依赖吃皇粮，而是取资农耕与佃租。二是洪武十八年，朱元璋命郑家每岁朝见，可与颜、曾、思、孟的子孙来朝者同班行礼。三是朱元璋对郑氏家长郑濂说："你家九世同居，孝义名冠天下，可谓江南第一家。"并在洪武二十三年（1390年），朱元璋亲书"孝义家"以赐。四是朱元璋吸收和借鉴《郑氏家规》的精华治理国家，用来控制政局。

郑义门同居后期历经永乐、洪熙、宣德、正统、景泰各朝。由于宋濂在被流放途中去世，再加上靖难之变，永乐帝朱棣对郑氏义门的态度是典型的用而又疑，疑而又用，朝廷赐予郑氏义门的那种显

小同居时期残存的建筑

赫的光芒已渐渐消失。然而，郑氏义门以儒学治家的内核依然显示出顽强的生命力。阖家同居一直坚持到了天顺三年（1459年），这年的一场大火，给郑氏造成了毁灭性的打击，住宅、公共场所的烟消云散，迫使郑氏义门由同居变为以义字辈分号义居，只在每月初一、十五会食于祠堂中。

到此时，郑氏家族十五世同居的历史终告结束。但是，义居遗风遍及浦江、金华乃至全国。此后，分号小规模同居的时代还在持续，郑氏十六、十七世均以数百人同居合食，崇尚勤耕读、守规仪的淳厚家风流芳后世。郑氏"义十八"郑公后裔的其中一支一直义居到清康熙年间，史称"小同居"。

营造风格及设计理念

郑义门古建的总体风格与徽派传统民宅近似，一般采用粉墙黛瓦马头墙的四合院形式，平面布局左右对称，每厅一进，多至五进。作为婺州民居，其建筑特征主要为山墙承重，体现简朴庄重的格局。

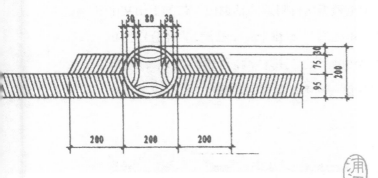

营造风格及设计理念

　　浦江县迄今发现的最早的民居样式，可以追溯到距今万年以前。2001年，在浦江县黄宅镇渠南村附近的栝塘山一带的上山文化遗址中，发掘出三排"万年柱洞"，每排十一个柱洞，直径分别为40至50厘米，深度约为70至90厘米。三排柱洞，形成了长11米、宽6米的矩阵。这三排在2001年第一期考古发掘中发现的"洞"，之所以被

浦江上山遗址（张雪松摄）

专家命名为"柱洞"，是因为它们很可能是木结构建筑的遗迹。在河姆渡遗址的干栏式建筑中，也有类似的柱洞，很可能与上山的"万年柱洞"一脉相承。这就意味着，上山人可能已经拥有木结构的地面建筑，告别了穴居生活。据发掘标本碳14测定的结果表明，上山遗址的年代为距今一万一千四百年至八千四百年。

上山遗址离郑宅镇直线距离仅5公里左右。可见距今一万年左右的史前时代，浦江盆地就有可能建有规模比较大的木头建筑。

浦江县现存年代最早的建筑主要是明代的，比如仙华街道马墅行政村马墅自然村的马墅张氏堂屋，是明初的建筑。还有浦阳街道的理和堂、鸿渐堂，檀溪镇潘家行政村潘家自然村20号的旧光裕堂，中余乡周宅行政村周宅自然村中部的肃雍堂，这些都是明代的建筑。在郑宅镇，尽管所有的古建历代都有改建修缮，现存建筑大多为清代建筑，不过从一些残存的柱础及宗祠拜厅的局部梁架上，可以窥见元末明初的一些建筑特色。

浦江县郑宅镇民居总体风格跟徽派建筑近似，马头墙的做法也像徽州一样丰富，有二花、三花、五花、七花等类型。一般采用"四水归堂"式的四合院或三合院形式，也即四面房屋中间是天井，或者天井四周是三面房屋一面墙。整体院落的色调基本是黑白灰加上木头的棕色调子，这样的颜色分布在曲曲折折的白麟溪两岸，而行人的视线则时时被岸边的桃柳半遮半掩，呈现为非常典型的江

尚书第中的师萝堂梁托雕花

南古宅图景。但走近了看，这些建筑的真正质地才慢慢浮现出来：它不事雕饰，不矫情，不卑不亢，既大气又不失典雅，它像一个岁月中的长者，一身土布长衫，却满腹经纶，举手投足间让人肃然起敬。郑宅民居比之徽派民居，少了一份华丽，多了一份质朴，这与义门的儒学治家不无关系。

特别值得一提的是，郑义门古建的水墨墙画很有地方特色。浦江素有"书画之乡"之称，元代的柳贯，明代的宋濂父子，明末清初的倪仁吉、蒋兴俦，清代的徐子静、王守岫、李维贤、朱杏生，到近代的张书旂、吴茀之等，都是书画界的中坚人物。浦江民间历朝都有很多优秀的画师，他们不仅有许多案头的书画作品，同时也从事建筑墙画的创作。今天我们在郑义门古建的山墙、墀头、门窗、檐下、照墙、廊墙等处，依然可以看到很多清代、民国留下来的水墨墙画，这些画都出自这些乡村画师的手笔。这些画年代不同、风格各异，有比较写意的，也有相对写实的。从线条和用墨上看，有拙朴大气的，也有精细秀丽的；有天真烂漫的，也有沉着老到的。内容更是五彩纷呈，不但有山水、人物、花鸟三大类，还有一些介于两者之间的作品。因为作者来自民间，他们顺手画来不受束缚，创作的天地比

守义堂残存墙画

一般的文人画更加宽广，以故山水掺杂人物，画面本来是山水画的构成，却把本来应该是点景的人物放大到占据了整个前景；也可以是花鸟与人物、花鸟与山水杂合；无论是天上飞的，地上跑的，还是墙头上生长的，都可以入画，而且很多花鸟画，直接取材于路边的野菜野草野花，并随心情而变化其形状，因此连专业搞植物研究的专家也认不出到底是何种花草。

郑义门建筑墨绘既有绘在外墙上的，也有绘在内墙上的。外墙主要绘制在马头墙上、大门两侧及大门上方，墨绘内容为云纹花草、鲤鱼、瑞禽、水波等，山墙上方有墨绘悬鱼的，外墙上还经常画些忠孝节义或二十四孝图案等；内墙上主要绘制梁柱及牛腿、雀替等，雀替处一般都画成"盘龙勾"图案或者"双旋勾"图案。外墙上有时也

艺师潘永光在创作墙画（图片由潘镜明提供）

画柱子，但外墙的柱子往往比内墙画得简单，有些雀替图案就直接用简单的"旋子"来替代。

在堂楼、祠堂等比较重要的建筑上，墙画出现得更为集中。在当地的传说中，堂楼这种地方以前是没有墨画的，因为老人故去后经常先在堂楼中停棺，时间久了这些地方就显得有点神秘吓人，有些胆小的人产生了幻觉，有的人觉得墙上幻出了一个白胡子老头，有的人则在晚上听到了堂楼中传出的哭声，有的则在夜深时听到裹衣沙沙的声音。为此便有人去向赖布衣请教，赖布衣说这个好办，便随手画了个东西，它鱼不像鱼，龙不像龙，郑宅的人都叫它"木鱼"。按照赖布衣的指点，他们将它画在檩的下方，这一画之后，所有怪异的东西便烟消云散了。这个传说是否真有其事很难考证，说明墨绘在

墨绘劄牵墙画艺师称它为"木鱼"

过去或许是有镇邪功能的，郑宅有些老人甚至相信郑氏祠堂中没有蚊子、蜘蛛也跟这个墨绘有关系。"木鱼"所对应的其实就是柱间的连接构件，宋人称劄牵。墨绘劄牵的形态基本上与木制相同。

内墙墨绘比外墙墨绘更加丰富，构成了郑义门墙画的主要部分。其内容有花鸟、人物、山水等。墨绘柱子与梁的交接处，也就是墨绘梁托上，往往绘制着四季花：牡丹、荷花、菊花、梅花，墨绘斗拱上的花瓶、花篮则绘制得极为精细，在这些纷繁多样的内容中，包含着许多民间常见的寓意，比如瓶意味着平安吉祥，鱼则代表着连年有余，龙凤画在一起则代表龙凤呈祥等。人物画则主要取材自《三国演义》、《水浒传》、《说岳全传》中的内容，比如"空城计"、"三英战吕布"、"关公千里走单骑"等等。

昌三公祠中的山墙内侧

墨绘的颜料以前一般用烟囱灰加沸水，再加胶混合而成，现在一般用炭黑混合化学胶水，这种黑色颜料上墙两个小时就干了，干了之后即便用水冲也冲不掉，非常牢固。但它不能像墨汁一样一次性可以分出细微的浓淡来，为了画出浓淡，墙画匠师一般要同时配置三种浓淡程度不同的颜料，由于化学胶水是白色的，淡点的颜料则需要多加水多加胶。

墙画工具有辅助画垂直线的线坠、贴尺以及辅助画直线的粉线等，画笔以前的匠师一般用竹笔加上毛笔，先用竹笔画线，再用毛笔来填空白处，现在的墙画匠师一般采用油画笔。粉线与裁缝用的差不多，在墙上弹出线条，再用画笔覆盖成直线，无规则曲线部分则用手绘。

元鹿山房墙画

　　建筑中还有别的一些地方墨绘也较普遍，主要施于墀头（以墨线花鸟、人物为主）、门窗雨罩下、后檐下（以墨线花草为主）、照墙檐下（多数为墨线花鸟画）、廊墙、廊檐墙等处。

　　郑义门建筑的水墨绘画是郑义门建筑营造的重要组成部分，它既有强烈的地域特色，又与郑义门的质朴无华融为一体，这些不着任何色彩的画作，聚集着历代匠师的个人积累，都一起汇集到郑义门千年的文化积淀之中。

[壹]郑氏宗祠的营造风格

　　与浙中地区其他祠堂相比，郑氏宗祠因为其建筑体量大且风格质朴无华，加上保存的元代柏树数量尚多，在视觉效果上更显得气势恢宏。祠堂房间总数达到六十四间两弄，两弄指的是放置钟鼓

郑氏宗祠门楼

的两条弄堂。

　　就其祠堂的开间来说，浙中地区其他祠堂最多只有七开间的，比如永康市芝英街道郭山村胡氏宗祠、兰溪市马涧镇严宅村严氏家庙，都是七开间的。像郑氏祠堂最后一进那样建成九开间的，极为少见。

　　就平面形制而言，郑氏宗祠的格局是浙中地区宗祠中最普遍的，它的四合院式的方正结构没有特别之处。而浙中地区有些宗祠充分利用环境因素及建造上的想象力，比如距离郑氏宗祠10公里外的浦江县浦阳街道的张氏宗祠（现为浦江县博物馆），形制独特，整个建筑平面从门厅、中厅、穿厅、拜厅、寝室，成了一个"吉"字形。从内部空间结构上说，郑氏宗祠的三个水池以及两个门楼是其特色所在。

郑氏宗祠中的太平池

　　祠堂的三个水池呈品字形, 因此当地人有"一品当朝"的说法, 郑氏一族官位最高的是明朝的郑沂, 官至礼部尚书, 按照明代的设置, 级别应该是正二品。这是三个一大两小的水池, 小水池平日养植观赏的荷花, 并兼具防火功能, 师俭厅前的大水池郑家人称它为"太平池", 它主要的功能便是防火。不过在张文德所著的《江南第一家》一书中, 这个大池被命名为"洁牲池", 认为它原先的功能是与祭礼联系在一起的。郑氏家族对于祭礼的确非常讲究, 春夏秋冬四季之祭安排在每季仲月的月圆之日。据《郑氏家仪》记载:"前期三日斋戒, 前一日设位、陈器、省牲、涤器、具馔。"古代祭祀前, 主祭及助祭者须审察祭祀用的牲畜, 以示虔诚, 称为"省牲"。唐韩愈

《郑氏家仪》中的割牲之图

《南海神庙碑》有记载："省牲之夕，载旸载阴，将事之夜，天地开除，月星明概。"祭祀之前，还要按照严格的方式将它剖成十四块。但在这一过程中，牲口是否需要在祠堂中的池中洁净，还需要后人做进一步的研究。

　　同浙中地区的其他规模比较大的祠堂一样，郑氏宗祠的主要功能除了祭祀、宣讲和实施家法之外，还有一些其他的社会功能。比如位于宗祠东南面的书种堂，它既担任藏书、刻书的功能，一度也曾是郑家后代读书的地方。浙中地区与此类似的祠堂有东阳市南岑镇吴氏宗祠，内部建有"御书阁"，藏书万卷，还建有"推本堂"，作为义塾及斋宿之所。但郑氏书种堂在历史上的地位是后者无法超越的。

　　规模如此之大的宗祠，却没有戏台，这也是其特点之一。浙中地区的祠堂设戏台相当普遍，一般都直接建在大门后面，与门厅的明间相连或直接做在门厅明间之中。就郑氏宗祠结构布局的历史演变来说，从来都不曾有过戏台。《郑氏规范》中对于族人的祭祀有明确的规定，其中第一二五条："子孙不得惑于邪说，溺于淫祀。以

面向白麟溪的郑氏宗祠正门

微福于鬼神。""淫祀"即是不合礼祭的祭祀，比如在祠堂中唱戏以娱神。同居初期，郑氏就有部分人信奉佛道，同居六世祖郑文融说："吾方学礼，可溺淫祀乎？命悉撤之。"[1]《郑氏规范》第一二六条："子孙不得修造异端祠宇，妆塑土木形像。""异端祠宇"指的是越出规矩的祠堂。《郑氏规范》第一三二条："棋枰、双陆、词曲、虫鸟之类，皆足以蛊心惑志，废事败家，子孙当一切弃绝之。"可见，词曲不能唱，是担心子孙消磨志气，不能专心于儒家正统学养。

郑氏宗祠在建筑上的另外一个特点是正门和仪门并设，正门

[1] （元）揭傒斯《揭文安公集·孝友传三》。

面向白麟溪，八字墙，上悬"郑氏宗祠"四个颜楷大字，但正门内却有围墙阻隔，不与祠堂内相通。郑家祖上传下来的一个说法：如果郑家后代出了状元，围墙就可以打开，正门便可以启用。现在正式使用的是位于祠堂南面的仪门。还有一种说法是，仪门原是从正门处移过来的，清代时的一场大水摧毁了祠堂大门，并危及师俭厅，改建时才移到了现在的位置。在明代末年白麟溪改道之前，大门有可能是开在西边的，那个时候溪流离开祠堂尚远，不需要担心来自大水的威胁。

[贰]郑义门传统民居的平面布局

从郑宅现存的传统民居来看，平面布局一般为左右对称，中轴线上为主要厅堂，每厅为一进，全屋一般为二至五进，厅之间用天井相隔，天井特别是中轴线上的天井较为宽大，以适合浙中盆地夏天较高的气温，便于通风散热。院落有三合院式、四合院式，多进四合院落式，也有三合院、四合院和多进院落的不同组合。郑宅民居三合院落式以十三间头和二十四间头居多，也有十一间头、十五间头、十八间头等，许多大规模的多进院落由十三间的三合院组成，如御史第，或二十四间的四合院如垂裕堂等组合而成。平面柱网分布正厅以面宽三五间，进深三间居多，柱列分布敞开各间用四柱、山樀用五柱。门楼照厅、堂楼明间多用七柱，其余各间用五柱。当然，柱列随进深的步架会有所变化，进深短的平房或披屋也有用三柱的。

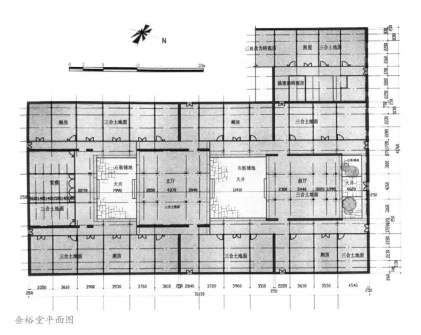

垂裕堂平面图

　　因为是同姓同祖合居，四合院的建造随人口的发展而扩展，扩展方式一般遵循这样的方式：先沿着中轴线向后方发展，比如郑宅的御史第，先造第一、第二进，后来随着人口的繁衍，便向着后方发展，一直造到第五进，后面没有空间了，接着才向两翼发展。郑宅镇大型的民居建筑一般都不是一次性建成的，以御史第为例，第一、第二进原为最早期的建筑（后来被日本侵略军烧毁而重建），随着人口的发展，相继扩建第三、第四、第五进。现存建筑是清代中期的，就是这条中轴线上最后一幢房子，这进三开间房子的明间供奉郑氏

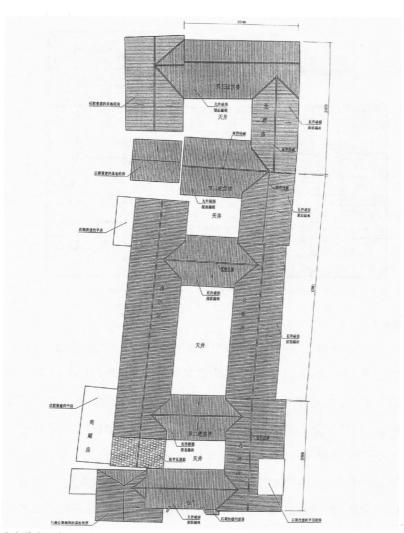

御史第平面图

同居第二十世的祖先，在这条轴线的最前端，也就是第二进堂楼，则供奉着同居第九世祖先御史公，两侧的副轴线上则供奉着离他们更近的祖先。郑宅民居的正屋明间一般为堂屋，以三间厅的形式为多。正厅或堂屋平日常用来举办红白喜事（即举办婚丧嫁娶仪式），堂屋两边的房间面积比厢房要大，一般供长辈居住，两侧厢房则居住着他们的各房子孙。御史第现存共九个堂屋。厢房靠正房的一两间"洞头屋"，因采光条件不太好，一般很少住人，用于堆放杂物或圈养牲口。

从郑宅镇的几个村子可以看到，同一支脉的郑姓多合建有堂楼，有的在堂楼前还建有厅堂。堂楼后厢及左、右厢为住屋，两边对称，整齐排列，前后都有走廊，成为一个整体。住屋的高度要低于堂楼，且其朝向不得与堂楼相背，否则即谓"欺主"和"背祖"，将招致全村干涉。一个堂楼即为一个房族，一个或几个堂楼构成一个村落。堂楼为一房的公有屋，祠堂则为同族合谱者的公有屋。村村都有堂楼，但每村不一定都有祠堂。祠堂和堂楼不仅建筑规模大有不同，性质亦有差异。

在朝向上，郑宅民居的营造颇有些不同，因为几乎所有的建筑都考虑到了白麟溪这条主轴线，两岸的房屋随溪流的弯曲而改变朝向，即便是离开溪流有一段距离的住宅，也遵循着这样的规律——这个现象同时也说明郑氏家族做事的严谨程度，他们对于儒学治家的态度同时也反映在了建筑位置的设计安排上，房屋的布局也如他们的家规一样井井有条。我们看到，很多大规模民居建筑并不都是朝南的，御史第朝东偏南，新堂楼（敬义堂）朝北，垂裕堂朝北偏西——这种现象并不能说明其没有规则，恰恰相反，它们是为了服从更大的规则：民居的朝向首先要遵从溪流的流向而不是朝向阳光的既定方向。《郑氏规范》第二十一条："内外屋宇，大小修造工役，家长常加检点。委人用功，毋致损坏。"说明历代义门的建筑工程都是由家长统一召集族人安排的，这个安排杜绝了各人在建筑形式上自搞一套的可能性。

[叁]郑宅的营造特征

郑宅民居的建筑风格与徽州一带的民居相似，因此从建筑体系上划分也可以将之归入"徽派建筑"这个大类之中。20世纪90年代中期开始，从事古建研究的专家习惯上将具有"粉墙黛瓦马头墙"特点的浙江、江苏、安徽、江西一带的建筑统称为"徽派建筑"。整个浙中地区的建筑，包括金华、东阳、兰溪、永康等地的明、清、民国建筑，都可以纳入这个体系。

按照黄美燕女士和王仲奋先生的多年研究发现，浙江地区的大部分建筑，从其营造风格及工匠使用的工具、材料等特点上看，基本属于"东阳帮"或本地工匠的作品，因此王仲奋先生在他的著作《东方住宅明珠：浙江东阳民居》中提出了一个新的观点，认为应当将这类主要由"东阳帮"工匠创造的建筑形式，归属于东阳民居建筑体系。因此，相对于徽州民居，黄美燕认为姑且可以将包括浙江中、西部金、衢地区在内的这种共同的建筑形式，称之为婺州民居。

影响浙中地区建筑风格的原因很多，从浙中地区现存最早的元代建筑天宁寺和延福寺来看，这边的建筑形式与宋李诚的《营造法式》及清代《工部做法则例》中的规定区别较大，主要原因还是因为天高皇帝远，地域的限制和交通的不便，使得这里受外界的影响较小。而明清建造的房子则受到了明代的《鲁般营造正式》及《鲁班经匠家镜》的影响，后来当地的民间工匠逐渐在世代相传过程中形成了一套自家法则。明《鲁般营造正式》（天一阁藏本）中"地盘真尺"一节说："世间万物得其平，全仗权衡及准绳。创造先量基阔狭，均分内外两相停。石礅切须安得正，地盘先要镇中心。定将真尺分平正，良匠当依此法真"，强调校正柱础与地面，使建筑保持水平。书中记录了省略中柱的梁柱结构"秋千架"，也就是使用抬梁式结构以省略中柱，使建筑内部空间宽敞。诸如此类

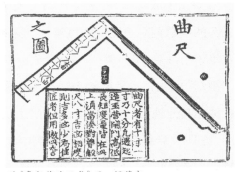

明《鲁般营造正式》天一阁藏本

仪门上的船篷轩与劄牵

法则在浙中房屋营造中一直沿用至今。

　　浦江、义乌、东阳一带民居建筑构架方面的一个显著特点，是普遍采用冬瓜梁形制，大梁包括五架梁、三架梁，多采用冬瓜梁，梁头两端雕刻简单明快的鱼鳃线或末端弯曲变化更大的龙须纹，双步梁用月梁，单步梁（劄牵）雕成虾形，或倒挂龙形等——宋代称"劄牵"的构件本是梁架上矮柱与步柱同起联系作用的穿枋。这种构件在其他地方的一般建筑都使用扁方小料，唯有浙中及延伸出来的"东阳民居体系"中的明造建筑中，它成了一件"体量硕大、形状复杂、雕刻精致、不施色彩的雕饰件，好像一个双向卷曲的强有力的弹簧卡子，牢牢地卡在两柱之间，增强桁柱的稳固性。其形状有的说似卷云，有的说似变异的龙，有的说似弓背的虾，有的说似象鼻，总之很奇特。这一奇特的结构形式能产生一种弹性和运动感的美学效果，不仅在中国众多民居中别具一格，而且在东方民居中也是独一无二的，可谓美学运用的典范"。[1]

不过，就一些建筑细部看，还是受到了宋《营造法式》的影响，下面就屋面的曲线，即挠水来做一些分析。

郑氏祠堂拜厅为九架建筑，前檐柱到中柱的举高分别为0.324步距、0.512步距、0.601步距、0.75步距，也即三分、五分、六分、七分半，檐柱到中柱的总步距为5.26米，总举高为2.91米，平均举高为0.55步距。

师俭厅也为九架建筑，前檐柱到中柱的举高分别为0.364步距、0.364步距、0.638步距、0.617步距，也即三分半、三分半、六分、六分，檐柱到中柱的总步距为5.81米，总举高为2.90米，平均举高为0.5步距。

新堂楼第三进，也为九架建筑，前檐柱到中柱的举高分别为0.24步距、0.373步距、0.373步距、0.705步距，也即两分半、三分半、三分半、七分，檐柱到中柱的总步距为4.76米，总举高为2.14米，平均举高为0.45步距。

[1] 王仲奋《东方住宅明珠：浙江东阳民居》，天津大学出版社，253页。

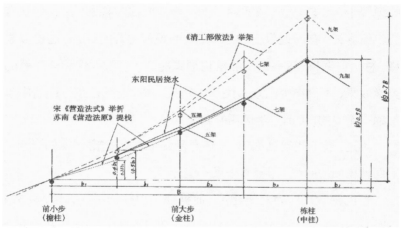

房屋举折对比图[1]

从以上数据可以看出，郑宅的屋顶挠水做法与宋《营造法式》以及苏南《营造法原》所制定的标准基本一致，却比清《工部做法》里对坡度的要求平缓很多。按照王仲奋先生的研究成果，他认为原因如下：

一、这边民居的屋面瓦是不用灰梗坐泥，而直接摊放于椽望上（也称冷摊法）。若坡度过陡，则易下滑造成脱接漏雨。所以不宜太陡。

二、浙中地区台风较多，建筑物不宜过高，但为保证楼层的高度，又不能降低檐高，所以只能适当调整坡度，通过降低脊高来控

---

[1] 该图来自王仲奋《东方住宅明珠：浙江东阳民居》，天津大学出版社，158页。

制总高，使瓦面平缓稳定。

郑宅房屋基本上用硬山顶，包括宗祠，各种建筑屋顶基本都用冷摊小青瓦，下铺望砖或望板，不用琉璃瓦，也很少用筒板瓦，檐口为勾头滴水。屋顶一般都为硬山顶双面坡，清水脊，只有孝感泉亭例外，用的是歇山顶。屋面安装好椽后，取泡过灰浆的望砖，边上刮好石膏浆，铺在椽上，再直接冷摊小青瓦，冷摊即是不施灰泥，也不夹垄。望砖长约8寸，宽约6.5寸，厚约1寸。

郑义门民居屋脊的做法基本以立瓦脊为主，即先在屋面脊上以一扣二方式做成脊背，然后从两端用瓦平叠做两竖墩，然后向脊中央立瓦，瓦稍向山面方向倾斜，最后在中间空隙处用瓦做成一个图案，挤紧两边的立瓦。图案一般以铜钱状为主，四张瓦做成一个圆形，四张瓦反向在圆周内形成一个菱形，做法简单而稳固，比如郑氏

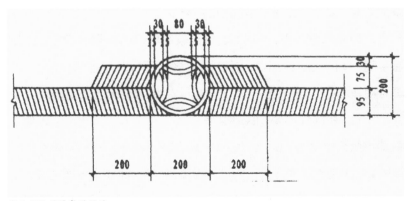

郑义门民居屋脊的做法

郑氏祠堂屋脊的做法

宗祠、昌三公祠、昌七公祠就都用这种方式的屋脊；也有用十张瓦片做成花朵状的，比如尚书第台门的屋脊等。

从雕刻风格来看，前期的建筑比较简单，比如祠堂中的拜厅，只在牛腿、琴枋、雀替等上面有简单的雕刻，而后期渐趋繁复，比如民国时期建的昌三公祠、昌七公祠，坐斗、牛腿雕刻比较繁复精致。

不过，在同样的婺州民居体系中还是存在着许多差异。比如在距郑宅数公里之遥的义乌，民居常常是"粉墙黛瓦马头墙，镂空牛腿浮雕廊；阴刻雀替龙须梁，风景人物雕满堂"。浦江郑宅虽也是"粉墙黛瓦马头墙"，但"风景人物雕满堂"的景象则难以见到，在郑宅

祠堂中的蝴蝶木（当地工匠叫翘帽））

很难见到像黄山八面厅这样雕刻精美繁复的建筑。即便是还留存一进的郑文记宅，号称民国时期郑宅最豪华的建筑，也没有达到"满堂雕"的程度。

　　浦江县明显不同于浙中其他地区的建筑特色主要有以下两点：

　　一、山墙承重，利用砌成山尖形的承重墙搁置檩条，称为"山墙承重"或"硬山架檩"，闽南称"搁檩造"。郑宅所有的古建，山墙柱子都被省略，省去了柱子的山墙粉刷后是大片的空白。为了美观，一般要在山墙上用墨线绘上柱子及梁、雀替等建筑部件。浦江古建

空心墙体在接近檩或承檩斗拱时变为实砌

几乎都是山墙承重，这样集中的做法在浙中其他地方很难见到，其他地方只有零星出现这样的情况，而且即便出现这样的造法，有些只是省略部分柱子。山墙采用薄薄的开砖砌成空心斗，灌以泥土、沙子、碎瓦片等的混合浆，每砌一层，灌一次，到顶部檩的位置，采用三五块砖头实砌的办法以加强支撑作用。山墙砌好之后，涂以白石灰，再墨绘梁架。

二、封檐板角度与浙中其他地区不同。一般封檐板的做法是与椽垂直，因此椽向檐口的一端只要齐平即可，而浦江县的封檐板，基本都是与地平面垂直的，其做法就相对麻烦些，要根据出檐的角度对椽进行切割加工，使其一端成相等的角度倾斜，这样才能保证

竖直垂落的封檐板

封檐板钉上后与地面垂直。

山墙承重的做法能节约大量的木材，对于在非地震带的建筑，尽管减去了两侧山墙上所有的梁柱，檩直接架到了墙上，这样的做法并不影响建筑的牢固性。这从另一个侧面反映出郑义门一贯以来简朴勤俭的门风。

这两种建筑特色带来了不同的视觉效果，特别是山墙上的墨线梁架黑白分明，墨色图案更富于写意特点，大块的黑色中分布着白色的表示阴刻的线条，像一幅规模巨大的版画作品，这与真正的木架结构视觉效果完全不同，使建筑呈现更多的肌理变化，赋予建筑更浓厚的庄重感。墙画是郑义门古建筑群建筑的重要组成元素，它题

文昌阁牌头墙画

材丰富，形象生动，技法娴熟，绘制水平高超，既节省了建筑材料，又美化了建筑形象，具有较高的实用价值和审美价值。

　　此外，郑义门古建还有许多独特之处。就宗祠来说，如前后庭院中的元代古柏，以及数量众多的明清匾额和楹联，这些虽然是古建的附件，但有了它们，建筑的气质就迥然不同。据说是宋濂手植的九棵古柏从古老的祠堂中直指蓝天，同时也改变了庭院的空间感，古柏本身和它们在阳光下的影子使得拜厅前的空间显得凝重起来，它使得数代人为弘扬儒学而付出的努力变得可以触摸，它那沧桑粗大的身躯所勾勒的图像，和有序堂两侧的钟鼓之音构成绝配。师俭厅、过厅梁枋上的匾额，在引领着人们穿越于历史中间的同时，

过厅中的楹联和匾额

也向人们叙说郑家昔日的辉煌。

[肆]郑宅的建筑用材

木材

浦江县西北部多山地，山林面积占全县总面积的百分之七十左右，林木资源极为丰富。一般是常绿林和落叶阔叶林，其中以用材林为主，经济林次之。就建筑材料来说，浦江的木材资源主要有：杉、松、枫、苦槠、樟、梓、椿、桐、银杏、榧、榆、槐、柏、楸、栎、楠木等，用于构建房屋柱子梁架的木材主要有杉木、松木、樟木等，椽、檩、门框等一般用杉木，雕花部分则用樟木、柏木、楠木等。浦江旧时多木行，一般均设在集市边缘的空旷地区，俗称"树厂"。其

郑宅古建修复场地的松木

形式有下列两种：一为对肩背山客提供膳宿方便，临时性寄存木材；二是代办大批木材之购销工作，寄存树木，代付力钱，供应膳宿，代为垫款，办理筏运。昔日郑宅的建筑用木材，由于一次性用量较大，一般都是向这些木行购买。

郑氏持家俭朴，用材也比较简单，除了祠堂梁架主要用樟木外，其他房子柱子梁枋主要为杉木、松木，柱子多用杉木和松木，杉木不怕虫蛀，松木耐水，椽檩多用杉木，因为它受力变形有规律且不怕虫蛀。祠堂近年来的修复木料也以东北红松、杉木或各种杂木为主，具体地说，建筑承重构件要求采用纹理直、木节少、耐腐蚀，具有较好力学性能的树种，梁、柱等主要受力构件，一般采用东北红松，部分尺寸过大的构件，则一般采用克隆木、贝克杉、山樟等进口

复建的寝室柱子梁架均用松木

树种；檩、椽、枋及板材一般采用老房子拆下来的老杉木。

砖瓦

浦江烧制砖瓦的历史约有两千多年，民国三十五年（1946年），全县产砖34.1万块、瓦335.6万片，为新中国成立前最高年产量。1952年有砖瓦窑93座，次年增加到153座。1966年，在五里亭建浦阳砖瓦生产合作社。到20世纪80年代，全县有砖瓦厂30个，其中乡办8个、村办22个；有轮窑四座，其余为传统砖瓦窑，生产砖瓦，年产土瓦938万片。黄宅砖瓦厂就在离郑宅3公里处。

郑义门建筑山墙和纵墙多采用开砖，所谓开砖，是一种比较薄的青砖，厚度约为普通条砖的一半，其长宽厚的比例为12∶6∶1。开砖在制作过程中其模具与条砖一样大小，在干坯前窑工用钢丝弓切

郑义门建筑的小青瓦屋顶

割成两块，但一端仍有粘连。泥水匠在砌墙时只要先用砖刀砍击砖的一头，此砖便一分为二变成两块，正因为每次都要砍成两半，所以当地都叫开砖。开砖制作工序与其他类型的青砖一样，都需经过拉土、和泥、掼坯、阴干、装窑、烧窑、泅窑、出窑等工序。浦江一带的墙体大多采用开砖陡砌，这样砌出的墙节省砖头，不过由于砖比较薄，比较难砌平，对技术的要求较高。当地墙壁的外表石灰层一般很薄，如果墙体不平，即便用石灰粉刷后，还是会有凹凸不平的现象，特别是一些需要绘装饰墙画的墙体，就需要手艺高超的匠人来砌。

郑义门建筑屋顶上基本采用小青瓦，小青瓦又叫蝴蝶瓦、阴阳瓦，俗称布瓦，是一种弧形瓦，制作工序与制砖相似，以田、塘深处的泥土为原材料，当地人称"漳泥"，借助于瓦坯工具手工成型，在烧熟之后还有一道工序就是洇窑，即从顶部预留的水槽中往里渗水，洇窑之后起化学反应才呈青灰色。小青瓦因其使用的位置不同，有勾头、滴水、筒瓦、板瓦、罗锅、折腰、花边、瓦脸等几种变化样式。郑宅一般做成合瓦屋面，其中包括铺灰与不铺灰两种做法，不铺灰者是将底瓦直接摆在椽上，然后再把盖瓦直接摆放在底瓦垄间，其间不放任何灰泥。 铺小青瓦的操作工艺顺序为：铺瓦准备工作→基层检查→上瓦、堆放→铺筑屋脊瓦→铺檐口瓦、屋面瓦→粉山墙披水线→检查、清理。因新瓦多有毛孔，容易渗水，近年来郑宅在修复古建时基本上采用从老房子上拆下来的旧瓦，旧瓦毛孔被尘埃堵塞，一般不会出现渗水现象。

石材

郑宅北面多山和溪流，各色石材及鹅卵石、沙石料等资源充足。建筑石料开采主要以中生代火山岩为主，资源丰富。大型的石材如各个祠堂中的柱子及石板，由于重量太大，运输不便，一般就近取材。比如郑氏宗祠中的石柱一般都高达数米，最高的是拜厅的中柱，高达6.3米，接近1吨重。据郑定汉等人的考察，郑宅古建营造中用到的石材基本上来自附近的金蓉山，现今三雅村和花坟头村都留有采石遗迹，这两个村距郑宅镇仅数里地，村中还遗留着昔日采石留下的巨大石宕。

花坟头村的石宕

石灰

　　旧时建筑，所需石灰量很大。浦江的石灰生产，相传最早源于鹬卜坞（今名贾保坞），距今已两千多年，其次是旌坞和嵩溪两地，此三地比邻，距郑宅镇仅5公里左右。浦江石灰产量甚大，民国二十七年（1938年）达3950吨，除供应本县需要外，还远销至诸暨、义乌、桐庐、东阳、兰溪、建德等地。每当春夏之交，挑担采购者，迤逦数里，昼夜不绝。新中国成立后，公路畅达，产销更旺。石灰窑俗称"石灰灶"，需请专门技工砌筑。窑旁建有篷厂。烧石灰前，应先雇工采下灰石，备足柴草（过去都用柴烧），然后将灰石叠进灶内，点火燃烧，至烧熟燃透后，才可开灶出灰。以前旌坞都是小灶，灶膛狭小，灰石进灶，须由下叠上。燃烧后下面之灰石先熟，上面的灰石因而坍下，火头透不上，需人工翻动，始能熟透。故旌坞灰不分等级，全部叫作"统灰"。嵩溪则不同，石灰窑都是大灶，灶膛大，灰石进灶，不必叠砌，也不需翻动，所出之灰因火力关系，分"铁灰"、"绿灰"、"白灰"（胖灰）三等。铁灰质量最好，绿灰次之，白灰又次之。新中国成立后，燃烧改用煤，灶形和烧灰技术也不断改进发展，产量与烧灰速度已远非昔时可比，所烧石灰则全系"统灰"，不再分等论级。中余一带也产石灰，现在产量已日益增加。烧石灰也要拜神。每灶灰自叠灶至出灰先后要拜三次。叠灶时忌妇女，说要"晦气"，"烧不熟"。[1]

　　石灰也是当地制作"三合土"地面的主要材料之一。三合土的制作材料为沙、石灰和黄泥，制作方法是将这三种原料按一定的比例混合后，用竹片或木槌不断地炼打、翻动，然后堆放停置一段时间使其融合、老化。特别是石灰和黄泥都有一个从生到熟的演化过程。停置时间的长短应掌握在混合物未硬化之前，几天、十几天不一，然后再次炼打、翻动。这样炼打次数越多、越久，则效果越好。而它的干湿度应掌握在用手捏可以成团状，用手揉又会散开为适。用这种"三合土"夯打的地面都相当坚实，它既可以承载巨大的压力，又可以防止洪水的冲刷和浸泡。因此尽管郑宅镇历史上经常发大水，现在还能在祠堂、普通民居中发现明清时期的"三合土"地面。

---

[1] 参见《浦江风俗志》，38—39页。

[伍]传统古建的营造仪式

　　浙中地区建造房屋，各地民间都有一套繁复的仪式。中国人对建房非常看重，认为事关重大，一座像样的房子既能使主人获得体面与尊严，也能为子孙后代奠定一个兴旺发达的基础。而对于饱读诗书的郑义门人来说，他们更有一种"修身齐家"的胸怀。修身的目的是齐家，齐家就是结婚生子并承担父母子女的角色，进行实际的仁义礼智信的生活。家成为儒家最主要的归宿，能把文化、思想、祭祀、礼仪、教育、政治、经济都最实际地落实下去。所以，家是儒家认为的最实在的本体。显然，家的构成除了人（子孙满堂）之外，就是能给他们遮风蔽雨的处所了——营造一座像样的房子也是他们一生的成就之一。所以，一般都要请风水先生勘定地点和方位，房屋的坐落地点和朝向既要受周围风水的影响，又要考虑不与附近已经存在的屋宇发生风水上的冲突。在房屋建造的各个环节比如开基落脚、穿榫、立柱、上梁等，也都十分谨慎，均应请风水先生拣好日子，最忌

房屋构件

木构件

"火星"、"七煞"、"离寓"、"红煞"、"受死"等"恶日"。

开基落脚

开基即奠基。台基是整个建筑的基础，包括不露明的基础和露明的台明两部分，也即包括墙基和柱基两部分。开基前应先用三牲礼物祭拜，称为"祭地"。建筑时开始动锄锹，第一下谓之"动土"。动土时辰由东家请风水先生根据起屋年份、屋主及家人的生辰八字择定。由匠师用石灰线划定地基，确定中心点，标出台门位置。动土方位宜选在天德、月德、月空、天恩及黄道等吉方，忌在凶方动土。

动土前还须行"请屋基"礼，举行奠基仪式，由匠师设请三界地主和鲁班仙师。候吉日良辰，置立香案于中庭，备列五色线、香花、行灯、红烛、三牲、果酒（用三茶、六酒、五谷）供养之仪，东家请香火，拜请三界地主、五方宅神。口中念祷："上到天，下到地，中间定块财宝地，发财又发丁，发子又发孙，荣华福贵万年春。"[1]

然后在墙基四隅各点红烛一对，分别念咒：

> 东面开基东面兴，太阳菩萨日日升；
>
> 南面开基南面兴，南斗六星来报恩；
>
> 西面开基西面兴，西天佛祖来照应；
>
> 北面开基北面兴，太平天子坐龙凳。

---

[1] 参见黄美燕《义乌传统民居的建筑风格及其营造特点》一文。

时辰一到，由泥水师傅举槌念咒语：

"天开地辟，日吉时良，皇帝子孙，起造高堂（造庙宇、庵堂、寺观则云：仙师架造，先合阴阳）。凶神退让，恶煞潜藏，此间建立，永远吉昌。伏愿荣迁之后，龙归宝穴，凤栖吾巢。茂荫儿孙，增崇产业者。"[1]

而后落槌的同时诵诗曰：

> 一声槌响透天门，万圣千贤左右分。
>
> 天煞打归天上去，地煞潜归地里藏。
>
> 大厦千间生富贵，全家百行益儿孙。
>
> 金槌敲处诸神护，恶煞凶神急速奔。

唱毕送神，泥水师傅念叨："酒过三巡，不敢久留圣驾，钱财奉送。来时当献下车酒，去后当酬上马杯。请诸圣各归宫阙。"接着烧黄纸祝文及纸银锭元宝。屋主一边差人将鸡血米撒于石灰线外，避免凶煞进来，并留出台门位置；一边燃放爆竹烟花。

礼毕时辰到，即可动土，宣布营造正式开工，开挖墙脚。待所有墙脚柱脚都开好以后，泥水匠即等待所拣之时辰，砌上第一块石头，谓之"落脚"。落脚时不拜，但需给泥水匠以利市包。如遇天雨，无

---

[1] 午荣《鲁班经匠家镜》，线装书局，37页。

法继续工作，则在所开基地上放一块石头，以表示已于吉辰落脚，待天晴后再砌。脚是基础，基础不坚则房不固。因此，落脚时忌用曾为各种家具之旧石料，特别是磨盘、石臼、台阶石、路心石等旧石料。磨盘隐喻"风水轮流转"，民间认为磨盘一个甲子也即六十年一圈；石臼"日春夜捣"，隐喻未来夫妇、婆媳间的口角拌嘴，家庭不和睦；台阶石和路心石"千人踩，万人踏"，做墙脚不坚固，也不吉利。落脚的当天，主人要设宴招待诸匠作，并邀亲友作陪。匠人入席时，浦江本地对座次有明确的规定：铁匠居首，次为石匠、泥水匠、木匠等，不得任意颠倒。俗语说："木匠让泥水，泥水让石匠，石匠让铁匠，铁匠让烧炭。"至于为何是这样的次序，已无从考证。

打墙

建一些非主体建筑时，打墙一般不择吉日，但如建三间两居头、五间四居头、十三间头或廿四间头等大型房屋时则要择日，连竖门架也得拣吉日良辰。打砌墙壁特别是打第一板墙壁时忌闻哭声，如有哭声最不吉利，要掘掉重打。俗以孟姜女寻夫时曾哭倒长城，故最忌讳。

上梁

上梁，也称"升梁"、"上大梁"，即安放固定脊檩。脊檩是一座房子中最高的木构件，它在人们精神世界中的地位也最高，家人的平安、健康与家族的兴旺发达似乎都维系于此。因此在建造房屋的

木匠在郑宅镇建造仿古建筑

所有程序中，上梁是最重要的一个环节，祝文、烧香、诵咒等仪式必不可少。上梁仪式一般包含引子、祝梁、祭梁、浇梁、升梁、抛梁、晒梁等几个部分。上梁的时辰不能和房主一家任何一个人的生肖相冲，否则会产生不利影响。另外，其他人的生肖如果与上梁的时辰相冲、相克，也要回避。

届时，至亲好友皆要送酒、门对和"红"（红布）道贺。竖榀时要一株连根带叶的长竹，挂上两盏红灯，竖在屋内（或在梁上横批两端各挂一灯），梁上则挂着"红"，贴上"紫微高照"的横批，有的地方还在红布上钉上七枚铜钱，再挂上米筛、剪刀、尺、镜、五色百家线等物以镇妖。于是，泥水匠在右，木匠在左，立于栋柱顶端等待时辰。吉辰一到，即鸣鞭炮，敲大锣，将栋梁徐徐吊上，在吊上的过程中，要保持两头水平，栋梁升顶后，不钉不铆，嵌放在事先设计好的凹槽中。

上梁过程中，泥水、木匠同诵上梁歌[1]：

大梁！大梁！出在何方？出在西方昆仑山。

何人看见这大梁？小将军游山打猎看见这大梁。

何人砍倒这大梁？程咬金十八斧砍倒这大梁。

何人抬动这大梁？薛仁贵抬动这大梁。

何人来丈量？鲁班先师来丈量。大头量到小头，一分不短。小头量到大头，一分不长。

梁尖剩下做啥用？做成八角榔头（也称八卦槌）定阴阳。

八角榔头有多大？七寸三分三厘三。

这时，房主递过来两对系着红线的八角木榔头，由泥水匠、木匠分别系在梁的两头，然后同唱：

榔头打天天无忌，榔头打地地无忌，榔头打梁百无禁忌。

这时，房主递上公鸡一只，木匠接过公鸡唱：

手接主东一只鸡，这是一只什么鸡？天上王母报晓鸡。

[1] 上梁歌参见王仲奋《东方住宅明珠：浙江东阳民居》，天津大学出版社，286页。

生得头高尾巴低，头戴凤冠配彩云，身穿花花五彩衣。

此鸡不是平凡鸡，主东用来抛梁鸡。

木匠用斧刃割鸡脖子，鸡血淋于梁，然后又唱：

千年鸡（基）！万年鸡（基）！鲁班先师上梁鸡，红血淋地，大吉大利！

房主将香案上的两个托盘敬献给泥水匠、木匠，各一位掌盘上梯，边登边诵：

手托金盘上天梯，送来主东好运气。

一步更比一步高，步步行来采仙桃。

仙桃何人采？鲁班先师徒子徒孙走一遭。

（赞华堂）东家造得好华堂，坐也坐得高，朝也朝得好。坐在宣武地，朝着凤凰（朱雀）山。

左首青龙来朝拜，右首白虎保平安。

托盘送到梁顶，泥水匠、木匠收下红包。先向房主被单内抛馒头，然后向围观群众按东、西、南、北次序抛掷，边抛边诵抛梁歌：

一把馒头抛到东，代代儿孙做国公。

一把馒头抛到西，代代儿孙穿朝衣。

一把馒头抛到南，代代儿孙受爵禄。

一把馒头抛到北，代代儿孙捧朝笏。

东西南北唱全谓"开四门"，然后再念其他利市话，边念边抛，尽量让人抢，以示彩发。梁下桌上陈设三牲福礼，并另陈两盒现金：一盒盛银元，一盒盛两串铜钱祭拜，以示今后能发财致富；再由泥水匠摆上砖刀、泥夹，木匠摆上墨斗、角尺以拜谢鲁班师。晚上，主人设宴于梁下，宴请诸匠作及亲友邻居。

栋梁最忌用钉过钉、凿过榫孔的木料，要选表面平整、直且圆、两头大小相差不大的木材。柱脚常择柏、梓、桐、椿四种木材，寓"百子同春"之义。

上梁后，还要钉椽、铺瓦等等，最后便是封檐，封檐后，建房工程除内部构隔外已基本完成，为庆祝新房落成，房主人常以麻糍等物分赠村中各家。

墨斗

代表性建筑

郑氏祠堂是郑义门代表性古建筑，坐东朝西，面向白麟溪，前后五进带两厢，包括门楼、师俭厅、过厅、有序堂、拜厅等，气势恢宏。其他纪念性建筑还有荷厅、孝感泉亭、昌三公祠等；民居则有垂裕堂、御史第、尚书第等。

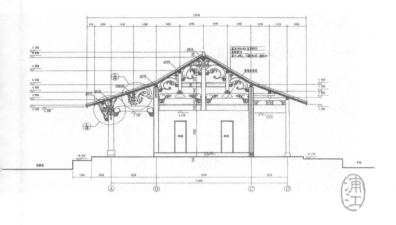

代表性建筑

[壹]郑氏宗祠

郑氏宗祠是郑氏族人举行典礼、祭祀先人、训诫子孙、议事集会的场所，是奉行"同居合食"的郑氏家人每天听训的地方，也是研究古代宗族宗法的实物例证。

朱熹在《朱文公家礼》中说："君子将营室，先立祠堂于正寝之东，为四龛，以供奉先世神主。"[1]今考郑氏宗祠，大概正好建筑在"正寝"的东面。晏穆在《宋故冲素处士郑府君墓志铭》中提到："（郑绮）葬于悬柏原，原在家正西一百步。"古代的一百步约为现代的150米左右，可见郑绮的家大概在崇义桥附近，这刚好印证了祠

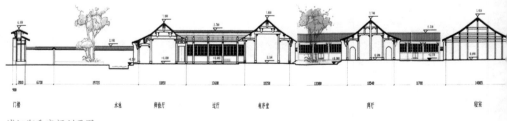

浦江郑氏宗祠剖面图

---

[1] 《朱文公家礼》一卷，通礼第一，祠堂。

堂在家之东的说法。

郑氏家族在南宋时就建有祠堂，但相当简陋，直到元朝至元丁丑年（1337年），同居七世祖郑钦建祠堂五间，郑氏宗祠才初具规模，此时郑氏已被旌表为"孝义门"。因此七世祖郑钦的画像在每年正月里都被悬挂于祠堂拜厅正中，以示对这位祠堂创始者的纪念。这个五间祠堂的所在地就是现在拜厅的位置，只是拜厅经过历年的修缮，元代的构件已经基本被后世材料取代，现存的构件基本是明清两代的。

到了元至正年间，祠堂扩建为三进二十七间，清康熙二十八年（1689年）又扩建一进寝室。清嘉庆二年（1791年）重建时，木柱改为石柱。这个重建后的格局基本接近于现在看到的样子。

祠堂整组建筑坐东朝西，面向白麟溪，前后五进带两厢，沿中轴线依次分布着门楼、师俭厅、过厅、有序堂、拜厅和寝室，两边设

郑氏宗祠平面图

有厢房，另外在南边设有仪门一座，为实际进出之门，祠堂共有三个水池，师俭厅前的横长方形水池与有序堂两侧的纵长方形水池形成"品"字形布局。

门楼与仪门

门楼，建于白麟溪边，坐东朝西，面宽一间，进深两间，以八字形围墙与两边的民居相连，单檐木构，后檐枋上悬挂"郑氏宗祠"匾额一块，山墙上采用了浦江县常见的墨线梁架形式。仪门与门楼之间通过卵石细铺的甬道相连。

门楼下部原来装有可活动的门槛，现已无存。门楼及门楼左边的房子抗日战争时期被日本侵略军烧毁。现存门楼是民国末期所建。门楼前原来有简单的照墙，靠溪而建，后来被拆除。

门楼上的雕刻尽管创作年代比较晚近，但雕刻水平较高，其内容反映了耕读传家的郑义门传统。在最上部的船篷轩下，雕刻有两

门楼上雕着骑牛读书的形象

个骑牛人物，右边一个骑着青牛的是老子，左边一个则书生打扮，同样骑着牛，右手举着书本，两头牛的姿态恰成对称。据郑家后人说，这个书生打扮的人物即是

他们的祖先，雕刻艺人在此宣扬郑义门耕读传家的千年传统。在两个人物的背后，各有一把芭蕉扇，太上老君的芭蕉在《西游记》中有它的地位，两把扇子在这里显然有镇火的意思。郑义门历史上遭受多次大火，其中两次火宅的损失最大：一次是明正统十四年（1449年），处州农民起义军（陶德义为首）烧毁民居无数；另一次是明朝天顺年间，火灾致使子孙后代不得不从同居走向分居。中部斜撑（牛腿）上的雕刻是一对门神：尉迟恭和秦琼，两块梁托则雕成两位天官，左边的左手持一只玉兔，右边的右手持两只灵芝，寓意平安吉祥；轩梁中间则雕刻着文王访贤的故事，暗指郑义门明代初期得帝王垂青的盛况。

据记载，祠堂现在的门楼本来是直接通向祠堂的，清朝嘉庆年间一场大水冲毁了大门并危及师俭厅，才将这边的通道封闭，在祠堂南边另建仪门用于日常通行，西边的门楼还是要象征性地在重大的日子开启，人们通过正门后再拐回仪门，然后再进入祠堂。

建于清代的仪门很有特色，仪门坐北朝南，面宽三间，进深三间，单檐硬山造，四柱十檩，柱

祠堂仪门

为石柱，明次间前金柱与中柱间施卷棚一个。明间为抬梁式结构，两次间山墙上采用砖仿木构式构架，山墙上用砖砌出山柱、穿梁的形状，突出于墙面之上数寸，中柱间用墙体分隔并开门，为宗祠的实际进出口，门楣上置"敕旌孝义宗祠"门匾一块，前檐荷包梁上悬有"江南第一家"匾一块。两面内墙上分别墨书有"耕"、"读"、"孝悌忠信"、"礼义廉耻"等字。仪门从结构上看，明间山墙高出次间约三尺，明间第一进深与第二进深的屋脊是等高的，但站在仪门前的人们，却只能以仰视的角度观看，这样的角度看到的是明间第一进深的屋脊显著向上突起，因此整个门楼显得主次有序，既大气又有变化。但这样一来在明间第一进深与第二进深之间产生了一个交接处，这样的形状给泄水造成了困难，为了解决这个问题，工匠在交接

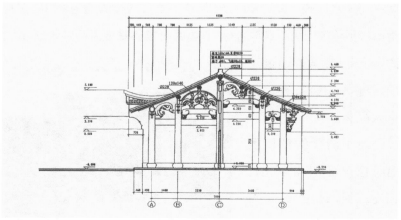

仪门剖面

的两个坡面上制造了一个两面斜坡的小屋顶,使雨水顺着四条斜沟汇到了次间屋顶上。

《义门郑氏祭簿》中有门廊"丁未重建,约费五百余金"的记载,可见现在的门廊架构是1787年建造的,后来经过多次修缮。

师俭厅和有序堂

进入院内,为师俭厅,命名源自"师俭则无欲,无欲则廉"。该厅坐北朝南,七开间,明间五架抬梁带前后双步,四柱落地。用材粗壮,不施彩绘,与郑氏家族提倡的简朴之风相吻合。师俭厅中立有《宗祠修建碑记》等石碑四块,厅内悬有历代名人题赠的匾额数块,其前有一长方形水池。师俭厅通过过厅与有序堂相连。现存建筑为清代嘉庆戊午年(1798年)重建。每年春节,郑家人都要在此厅

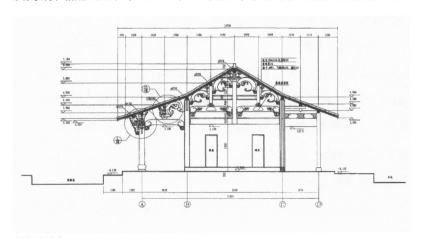

师俭厅剖面

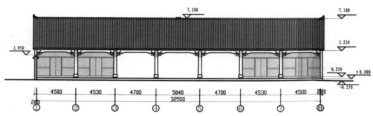

师俭厅立面图

师俭厅

悬挂宋濂像，以纪念这位与他们的家族命运休戚相关的师长。师俭厅左侧梢间为书种堂，用于藏书，次梢间为谷仓；右侧梢间为议事堂，现属义门事迹档案馆，次梢间为土地祠，供奉土地神，设土地神龛；明间后檐接第二进和义堂，和义堂即过厅，为五架抬梁式建筑，其中与有序堂相连的两间系近年恢复（原两间过厅因建粮仓而被拆），过厅两侧的小天井中各有一个纵长方形的水池，它们与前天井中的太平池呈"品"字形布局。

据《义门郑氏祭簿》记载，有序堂于"乾隆壬寅（1782年）尽行重造"。

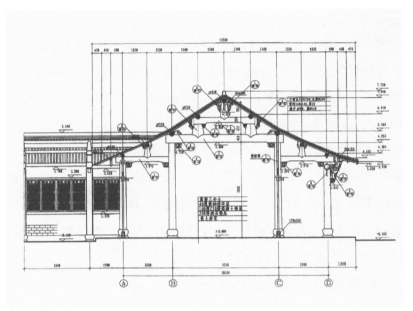

有序堂剖面

　　有序堂，取名于"有序则不乱，不乱则安"，为浦江县郑氏宗祠的第三进建筑，通过过厅与师俭厅相连，形成"工"字形结构。有序堂曾是郑氏家族举行祭祀活动、处理宗族事务和每天上早课的重要场所，该建筑位于郑氏宗祠这一整体建筑的中心部位，在布局上起着承前启后的重要作用。该建筑面宽九间（包括两间陪弄），通面宽为32.76米，进深三间，通进深10.35米。明间与师俭厅明间及过厅明间面宽相同，因此三者能组成一个建筑整体。第二进进深较深，约为前后进深的两倍。前檐明间通过过厅与师俭厅相连；基础采用铺砌形式；室内为"三合土"地面，地坪比师俭厅的地面高出16厘米；

柱础为石质鼓墩式,下置石质覆盆,柱子为石质圆柱;明间、次间、梢间的梁架为抬梁式结构,九檩用四柱,五架梁前后双步,梁为直梁。尽间采用墨线勾画山墙的形式,陪弄不设梁架,檩条直接置于山墙之上。复建后的陪弄面宽为1.825米。

有序堂两边设钟鼓,钟鼓的使用是很讲究的。鼓称"听训鼓",钟称"会膳钟",钟每天早上敲二十四下,全族人员同时起床,接着敲四下,大家梳洗;再敲八下,男女分成两队,到有序堂听家长训话。家长坐在上面,大家分男女坐在下面,家长先叫未冠子弟朗诵"训诫"之辞,先诵"男训",再诵"女训"。

同居时期郑氏家族开饭时也要敲钟以召集众人,男的到同心堂,女的去安贞堂,老少咸至,其乐融融。唐·王勃在《滕王阁序》中写道:"闾阎扑地,钟鸣鼎食之家。"古时吃饭前要敲钟的,都是大户人家,也正因为人丁众多,田园广漠,才需要传得远的钟声

近年重铸的大钟

拜厅的柱础

来发布信息。

拜厅和寝室

拜厅又称孝友堂，面宽五间，进深四间，单檐硬山造，用石柱，石柱自上而下有明显的收分，无卷杀。梁架为五架梁前后双步梁，抬梁穿斗混合式结构，五柱落地。明次间前金柱柱础上有开槽，推测此处原有地栿，更早的时候拜厅是封闭的，作为寝室之用。这是因为现存的拜厅早先为寝室，清代康熙年间，因为牌位放不下了，枣园村先祖孝廉、文玉兄弟两位资助二十七间，才扩展寝室和厢房，原来的寝室改为拜厅。

拜厅中的雕刻很简单，主要集中于牛腿、雀替、梁垫、蝴蝶木等处，从数量来看，以梁垫为最多。梁垫俗称"梁下巴"，因它似人下巴的侧面形状。它垫在梁头下部两端，与弓形梁头结合，整体轮廓形成一条很自然的曲线。它既是梁的辅助支撑件，也是美化梁架的装饰

祠堂拜厅梁托雕花和墨绘

拜厅中明代风格的牛腿

件。内容基本是浮雕花卉,有荷花、菊花、牡丹等四季花卉。

　　寝室系近年复原。根据老人的回忆及家谱等相关史料记载中有关"千柱落地"的说法,将寝室复原为面宽九间、进深八间的硬山顶建筑。梁架采用穿斗式,山面为墨线梁架,室内为"三合土"地面,地坪高出师俭厅0.69米,柱础为石质鼓墩式,柱子为石质圆柱,门窗采用简朴素雅的小方格形式;牛腿、雀替等构件采用与郑氏宗祠现有构件相同的艺术手法和装饰风格,屋面为望砖上铺小青瓦,为增加荷载在两面尽间的山墙和后檐墙中配以框架式木筋。

　　厢房为三组三开间并连的硬山顶建筑,分别为左侧尊贤祠、仕宦祠、忠义祠各三间,右侧助祭祠、节孝祠、贞烈祠各三间。室内为"三合土"地面,地坪高出师俭厅0.79米,柱础为石质鼓墩式,柱子

近年来复建的郑氏宗祠的寝室

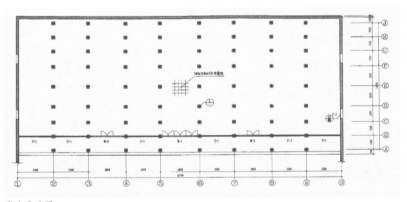

寝室平面图

为木圆柱,门窗采用简朴素雅的小方格形式;牛腿、雀替等艺术构件
采用与郑氏宗祠现有构件相同的艺术手法和装饰风格,屋面为望砖
上铺小青瓦。

书种堂

书种堂位于祠堂第一进师俭厅左侧梢间，旧址平屋四间，年久木朽，乾隆庚申年（1740年）夏季，又被山水冲坏，次年重建楼房四间、平房两间，以作初学者书室，并再造平屋三间，作为用屋，也为收藏家谱并刊印校对书籍之用。书种堂匾额为明代蜀献王所书，在郑氏《圣恩录》和《麟溪集》中，都提到了这块匾的由来。可惜此匾已毁，现在挂在书种堂上的是复制品。郑柏专门写有《书种堂训》一文。堂名寓子子孙孙读书种子绵延不绝之意。

郑氏家族在明代初期不但拥有八万册藏书，而且还自行刻印书籍，这种家族出版的方式一直延续到民国期间。代表性的书籍有洪武八年（1375年），族人郑济等所刻《宋学士续文粹》十卷（宋濂著，刘基编选），这本书是由郑济、郑洧兄弟与同门刘刚、林

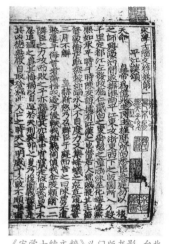

《宋学士续文粹》义门版书影，台北故宫博物院藏

民国书种堂木活字本《郑氏家仪》

静、楼琏、方孝孺等七人共同手写后刻版。他们都是宋濂的学生，书写工整，字体清朗明快，刻工也极为精雅。该书台北故宫博物院有藏，半页十六行，每行二十七字，左右双栏，版心黑口，无鱼尾。卷十末有洪武丁巳门人郑济跋。还有，上海图书馆藏的《浦江郑氏旌义编》一卷，（明）郑楷纂，明万历三十一年（1603年）书种堂木活字本，书名页题"义门书籍旌义编、书种堂藏板"；《郑氏家仪》（明）郑泳纂，民国十一年（1922年）书种堂木活字本，书名页题"义门书籍郑氏家仪，书种堂藏板"。

近年"江南第一家"文史研究会重印了一些家族书籍，如《圣恩录》、《郑氏家仪》等，续上了这一传统。

[贰]纪念性建筑

荷厅

荷厅位于郑宅丰产村旧浦后公路与玄麓路十字路口西南边，建筑坐西朝东，荷厅后方原为郑绮夫妇及母亲张氏的墓葬地，现被近年所造民居覆盖。浦江县志有记载，此地名为"悬柏原"，系同居第一世祖冲素公之墓园，墓地周围本无墙垣，康熙丙申年通族助工助资，筑造围墙，又于墓前构堂三楹，即荷厅，作为祭拜同居始祖郑绮及其母张氏的享厅。乾隆丙戌年（1766年），郑氏宗祠出资重修荷厅，将木柱换成石柱，另建墓道及石坊一座。20世纪50年代兴修水利时将围墙、石坊、墓道等拆毁，今存之荷厅，为一进三开间硬山顶建

荷厅现状

筑，坐西朝东，明间前后单步，四柱落地，系民国年间重建。两旁石柱有对联一副：

> 铁面本无情，笑三度，愧煞庸夫俗子；
>
> 绿睛偏有泪，哭两场，呼开地府天门。

该建筑为祭拜郑绮的地方，对郑氏具有重要的纪念意义。1983年春，族众慕义集资修整，并移冲应、冲素两公墓碑及其母张氏安人之墓碑，竖于厅内。原墓碑已残，上刻"宋故冲素处士郑府君讳绮字宗文墓"共十五字，上部九字为宋代原物，隶书，字体类东汉《乙瑛碑》，下部六字为近年新补。郑氏后人撰写重修悬柏原荷厅碑记一方，竖于厅右：

重修悬柏原荷厅碑记

悬柏原系同居第一世祖之墓园，乃郑氏义门之发祥地。墓前香亭即荷厅及墓道石坊，始建于清康熙丙申。

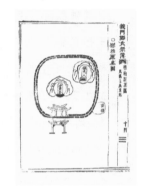

《义门郑氏祭簿》中的悬柏原墓图

郑氏先祖出自周之诸姬，世居荥阳，远祖凝道官于歙，因家焉。凝道子自牖再迁睦之遂安。宋元符二年，自牖孙淮三迁浦江白麟溪。靖康岁饥，淮破产赈济，人怀其德，名其居曰仁义里。淮生三子：煦、熙、照。照子缊、绮。缊字宗醇，年十五以文学鸣，著有冲应文集三卷，终年二十，乡贤谥为冲应处士。绮字宗文，通春秋穀梁学，撰合经论数万言，事亲孝，敬寡嫂如母。父以非罪系狱，绮上书请自代。郡守钱端礼伟之，为直其事，冤终得白。母张氏病瘅，绮日侍病榻。抱持便溲者，三十年不稍懈。张嗜溪泉，天旱泉涸。绮浚溪勿得，乃仰天大恸，三日夜不息，泉忽涌出，芳如甘醴。母殁，卜葬悬柏原，逢天寒雪冻，锹锄不能下，绮哭祷甚哀，冢地冻雪一夜先融，人皆以为

荷厅中保存的宋代郑绮墓碑

孝感所致。家贫困，有义士慕名遗金者，拒不收。而遂安族子来求助者。则尽力馈赠之。公面黝如铁，双目炯炯，视烈日不眩。每出耕，挂书牛角，勤耕苦读。生平不苟言笑。德配傅氏尝语孙曰：自吾归尔翁，见其破颜而喜者，仅三度耳。卒之日，晨起，召子孙雁立祠中誓曰：吾子孙有不孝不悌不同财共食者，天实殛之。言已，叉手正容立而逝。乾道中，有上其义行者，赐号曰冲素处士。处士生于宋重和元年五月初九日，卒于绍熙四年十二月二十二日，享年七十有六，与母张氏安人，兄冲应处士，德配傅氏安人同葬于悬柏原。后世子孙，恪守遗训，孝义相承，合门二千余指，历经宋元明三朝，二百六十余年，一门尚义，九世同居，皆冲应冲素两公之遗泽也。明洪武间，特旌表孝义郑氏之门，敕封江南第一家，并御书孝义家三大字以赐。墓前原建香亭石坊。乾隆丙戌，光绪乙亥，曾两次重修。至今年代久远，墓葬湮没，香亭濒于倒塌。今春族众集资再次重修，并将墓碑移竖厅内。庶几瞻仰在兹，蒸尝有所也，爰稽史传述其梗概。溯本追源，藉志不忘云耳。是为记。

　　公元一九八三年岁次癸亥仲春义门二十八世孙可淳敬述，二十六世孙隆善敬书，石匠黄小浦镌刻。

孝感泉亭

孝感泉亭坐南朝北，为歇山顶抬梁式四角方亭。檐柱为圆形木

孝感泉亭为歇山顶建筑

柱，柱础为石质鼓形。结构十分简朴，梁枋雀替均几乎不加雕饰。博风板的曲线豪放，并省略悬鱼。屋面较缓，有早期建筑遗风。

孝感泉临白麟溪而建，井圈方形，井壁为椭圆形，井壁用块石叠砌而成。建筑正面用阶条石做"散水"，承接房檐雨水直接排向河道。泉井深3.3米，泉水常年清澈。

相传郑氏义居始祖郑绮事亲至孝，其母张氏久病在床，思喝甘泉，郑绮为母掘泉于白麟溪畔。时逢盛夏，久旱无水，溪流涸竭，掘之弗得，郑绮仰天大哭，三昼夜不息，泉水忽涌，而清冽味甘，人皆以为乃孝所感，故名曰"孝感泉"。此后六世祖郑大和曾对它进行疏浚，砌石堤，分溪流，并在泉上造亭加以保护。明、清时经过几次毁建，现存泉、亭为清嘉庆年间重建。此泉的位置就在白麟溪边，当

孝感泉比邻白麟溪

"孝感泉"三字为明永乐时蜀献王朱椿所书

山洪暴发时,常有泥沙淤塞之虞,因此需要经常性的维护。现存"孝感泉"三字为明永乐时蜀献王朱椿所书。

20世纪80年代以前,孝感泉是附近一带最好的饮用泉之一,水质优良,略带甜味,郑氏族中老人在临终时都要嘱咐子孙从这里取水,喝上几口,据说有些子孙敷衍了事,以为老人家神志不清,拿别的水代替,但立马被识破了,因为孝感泉水有一种特殊的口感。现在因为有了自来水,用的人少了,泉眼流动不畅,水质略差,但还是有人来取用。

尽管泉水离白麟溪只有咫尺之遥,但两者并不相通。溪里发大水时,孝感泉也不会漫上来;干旱季节,泉水一般不会枯干,极端的情况如1967年,连续一百一十一天没有下雨,溪里都干了,这里面还有水。

孝感泉亭为"江南第一家"古建筑群中唯一歇山顶的建筑,据

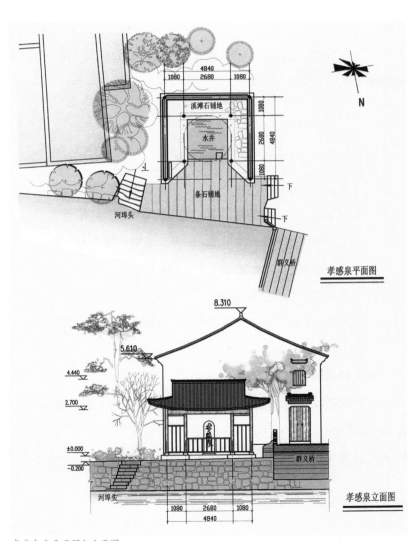

孝感泉亭平面图与立面图

《明史》记载："明洪武二十六年定制，官员营造房屋，不许歇山转角……"[1]，可见其已超越规矩，地位非同一般。这是除荷厅之外跟同居第一世祖郑绮有关的建筑。

孝感泉

（清）戴望峰

盈盈白麟溪，水味清且冽。相传昔孝子，有母饮成癖。

岁旱水脉枯，疏凿绝涓滴。岂无他水甘，母口苦不适。

孝子起彷徨，呼天为号泣。一号土膏动，再号土脉裂。

三号水洊[2]至，沦波遍洋溢。旱魃为之藏，天吴[3]为之决。

鉴此孝子心，供彼慈母食。一从泉涌后，终古永不竭。

至孝通神明，天人理非隔。嗟哉行路人，临渊宜自惕。

九世同居碑亭

九世同居碑亭坐南朝北，为四角方亭，攒尖顶，面宽、进深均为2.32米，碑亭建于高0.64米高的台基上，四柱落地，为圆形石柱，梁架采用抹角梁形式，施藻井，小青瓦屋面。后檐柱间设墙，前置"一

---

[1] 《明史》卷六十八，"志"第四十四"舆服四"。

[2] 洊（jiàn）：再次。

[3] 天吴：水神。

门尚义，九世同居"石碑一块。亭上额有"仁义里"匾，亭之四柱，前联为"合族源流始，同居发轫初"，后联为"碑亭永树同居第，故址长存孝义家"，两联皆为族人郑骏声撰。

碑亭位于郑宅白麟溪北段昌七公祠边，这里既是郑氏先祖郑淮迁浦后的居住地，又为九世同居时期的炊址，炊址始于南宋建炎戊申年（1128年），结束于明天顺己卯（1459年）。北宋靖康年间，天下大乱，民不聊生。郑淮毁家纾难，卖田一千余亩用来赈济乡邻灾民。人们感念他的恩德，将

碑亭中的"一门尚义、九世同居"碑

碑亭所在地为九世同居时期的炊址

此地更名为"仁义里"。后郑氏义居始祖郑绮倡导同居共炊，这里一直是造炊烧饭的地方。至元末，郑氏九世同居的孝义事迹已誉满朝野，并多次受到朝廷旌表，元代至正壬辰年（1352年）二月，翰林学士承旨月禄贴木儿荣禄公为中书平章政事，行省浙江，听闻浦江郑氏九世聚族，朝廷赏旌表，乃手书"一门尚义，九世同居"八大字以赠。族人旋摹勒石碑，竖于同居爨址，示以垂诫后世。明代天顺己卯年（1459年），郑义门遭受火灾，族众始各自散居。清乾隆戊寅年（1758年）族人在此建造碑亭，置碑于亭之正位。道光甲申年（1824年）重修。咸丰辛酉年（1861年）碑亭毁于兵燹。光绪戊戌年（1898年）重建。1981年重修，并于亭上加额曰"仁义里"。该亭仍在

沿着白麟溪远眺碑亭

上街路白麟溪之南岸原址。

"一门尚义，九世同居"碑亭是郑氏家族孝行为元朝廷认可的重要实物例证。

昌三公祠

昌三公祠坐南朝北，三进三开间，位于郑氏冷水村北侧，为纪念同居七世祖郑锐（1289—1320）而建。因传建文帝曾避难昌三公祠边金竹岭旁的一间密室中，被尊称为"老佛爷"，故在昌三公祠中辟神龛供奉，所以该建筑又称"老佛社"。现存建筑为清末民国初年所建，由门厅、穿厅、拜厅、寝室组成。门厅明间后檐枋上置"昌三公祠"匾一块。门厅与拜厅间有穿厅相连，后檐五架梁上置"麟凤"

昌三公祠内景

昌三公祠中的墨绘梁架

昌三公祠中供奉的建文帝牌位

匾一块。门厅明间五架抬梁，前为双步，后为单步，四柱落地，前檐为廊。次间山墙墨绘梁架图案。

祠堂中穿厅很有特色，进入大门后，前厅、过厅、正厅的两排石柱造成了强烈的纵深效果，两排各九根石柱将目光引向空间深处，且柱子将整个祠堂的空间分割成三个条状，使其更有神秘感。

拜厅中柱之后架设一阁楼，阁楼设一两层佛龛，底层供着牌位，上书"大明建文老佛神"。以前这里还供奉着一只传说是建文帝遗下的靴子，"文革"期间被毁。

拜厅明间五架穿斗式梁架，前后双步，五柱落地。次间山墙墨绘梁架图案，后檐置神龛，拜厅外观为七花马头墙。寝室明间供奉建文帝像，七檩五柱，前檐为廊，次间山墙墨绘梁架图案。该建筑保存良好，布局完整，雕作精细。既是纪念昌三公的祠堂，也是当地居民纪念建文帝的重要场所。

郑氏家规中禁止子孙偏信佛道，但遇重大事件，也可改变祠堂的功能来进行变通。如1940年日寇在义乌施行细菌战，霍乱经乞丐传至郑宅，村人在老佛社设祭坛，请来和尚道士诵经做佛事，过仙桥

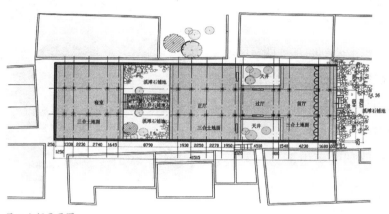

昌三公祠平面图

（奈何桥），焚烧冥纸银锭三日三夜。

昌三公祠的基址原为眉寿堂所在地，过去是老人祝寿的地方，1861年被太平军烧毁，以故门厅明间前檐额枋置"眉寿堂"匾一块。昌三公祠现为郑宅后人举行婚礼的地方。

昌七公祠

昌七公祠位于白麟溪南九世同居碑亭东侧，坐西朝东，建于民国初年，是为纪念同居七世祖郑铉（1297—1364）治家功绩而建，三进三开间，抬梁式结构。牛腿、雀替等据郑定财先生考证，是民国年间的雕刻大师周光洪雕刻的，异常精细华美。正厅上悬宋濂题的"三代之英"匾额，左右悬昌七公的孙子湖广道监察御史郑榦题

"诗伯第一"（明永乐帝赞誉郑
榦之语）和翰林院文渊阁秘书郑
棠题"三试第一"匾。

昌七公祠的基址即是同心堂
所在地，为浦江郑氏的最早定居
地，是郑氏家族义居合食时男人
们集体用膳的地方，在郑氏家族
聚族同居的历史上具有重要意
义。郑氏家族还在附近专门为女

昌七公祠堂中周光洪雕刻的牛腿

人设了一个用膳的地方：安贞堂。可惜此建筑现已不存。据郑定财考
证，安贞堂原址在宗祠的南面，与今后门头村比邻。

元代陈樵专门写有《同心堂记》，被收入《麟溪集》卷七中，文
中赞叹说："君不求仁而近仁，不望道而从道，一家如一人，奕世如
一日。""同心"、"安贞"之命名体现着郑氏家族想通过同居合食的
方式达到男子同心、女子同德的境界。同心堂和安贞堂这种建筑形
制是郑宅所特有的，它是郑氏家族合食义居的历史见证，是当时郑
氏家族的生活中心。同心堂毁于太平天国时期。

会膳钟铭

此钟为义门郑氏铸，架于有序堂左以会膳者，上有"神听和平"

昌七公祠外景

四个大字，又有"率由旧章，是用孝享，虞业维枞，声闻于外。宝兹重器，丕振家声，继绪不忘，允遵祖训"三十二字。

仙华之东，浦阳之滨，轨望其间，旌义其门。

其义伊何，奕世聚居，有硕其根，有衍其枝。

维洽至和，宗日蕃盛，匪器修齐，曷一群听。

乃范乃镕，乃作钜钟，揭之崇崇，扣之憧憧。

遹驰厥声，咸集于庭，有序有礼，有食有羹。

其众熙熙，其容愉愉，匪膳之丰，乐我义腴。

我钟既良，其声孔扬，子孙保之，世世永昌。

元至元四年戊寅正月既望太史宋濂撰

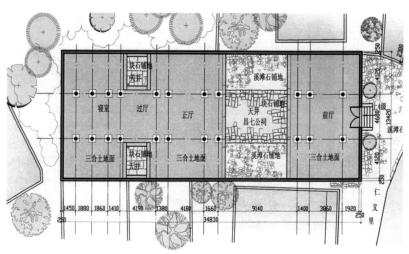

昌七公祠平面图

"虡业维枞"出自《诗·大雅》,"虡"字意为古时悬挂钟鼓的木架,"业"是装在架上的横板,"枞"是固定钟用的钉子,说的是钟的配件整齐完美。

元鹿山房

元鹿山房位于白麟溪的北侧,现由维仁斋与文昌阁组成,维仁斋原来是七开间带两厢的两层楼屋,现残存五间楼屋。山房坐北朝南,原为郑氏子孙读书之处,明间底层客厅的两面墙壁上画有天神阁、荷厅、荷塘、木牌坊、圣谕楼、义门桥、玄麓山房、白麟溪、东明书院等郑宅风景画八幅,壁画保存不善,现已经漫漶不清,斋后花园内有座两层小楼,楼上供有文昌帝的神位,又称文昌阁,在文昌阁二

元鹿山房

层的墙壁上绘有老虎等三幅壁画。

　　朝西的大门上有石质门额一块，阴刻"元鹿山房"四字，左边小字为："郑氏竹岩建"五字，清咸丰八年（1858年）建造。郑竹岩即郑训枞（1794—1861），字辑时，号竹岩，又号兰室居士，被太平军所杀。晚年曾汇刻《浦阳诗录》、《义门奕叶吟集》、《乐清轩诗抄》、《齐亭诗抄》、《醉墨轩别编》，著述有《醉墨轩诗稿》十余卷。

　　该建筑原为多进院落，现留存的是最

元鹿山房壁画《猛虎下山》

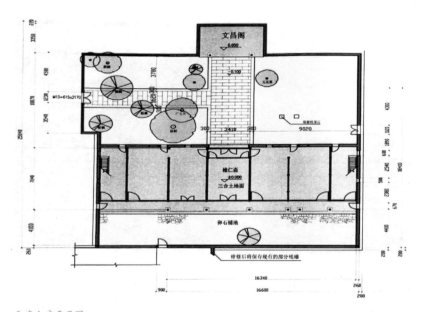

元鹿山房平面图

后两进。维仁斋南面原有一个院子，现有墙残存，院子里原共有八幅壁画，现只存一幅。2005年，在维修方案报经国家文物局批准后对建筑主体进行了维修。郑氏家族一向注重教化，该建筑是郑宅镇在遭受多次劫难后，留存下来的教育场所。

[叁]郑义门民居建筑

郑宅镇的民居建筑以多人口聚居的几座建筑为代表，其中垂裕堂、御史第、新堂楼（敬义堂）是目前留存较为完整的大型民居建筑。

建筑总体特征：山墙直接承重，山面不作木构梁架，而是以墨

垂裕堂总平面图（一层柱网）

线在山墙上勾勒出柱、梁、梁托、牛腿等形象，梁架形式与明间木构梁架相似。墙顶部作出风火山墙，与厢房隔开。楼面均为格栅梁上架二厘米厚木楼板。地面为素面"三合土"，建筑为硬山顶，正脊用压脊砖。屋面冷摊小青瓦，瓦下铺望砖，出檐部分铺望板。

　　垂裕堂等建筑是金华、衢州地区典型的民居建筑，同时保存有晒谷场和水塘等传统生活空间，是郑氏家族以儒治家、累世聚居的重要实物遗存，是其续同居时代生活的典型代表，垂裕堂直到今日仍有二十六户、约八十多人聚居于内，堪称传统聚族而居的活化石，

具有很高的历史价值。它规划严谨、布局合理，时代特征清晰，地域
特色鲜明，是研究浙中地区古代建筑的实物例证。

　　新堂楼（敬义堂）布局对称，体现了家族聚居的建筑形式，并有
四水归堂，肥水不外流之意，且地方特色浓郁。主人通过各个时期
家庭人口、经济条件和当时社会状况兴建和扩建、完善大院，既满
足了居住之功能，又能充分注意环境与意境的结合。各院间的过道、
回廊、门楼穿插有致，能有机地连接在一起，使整座大院成为封闭
式宅院，达到家庭聚集通行便利、安居乐业的效果。

　　这些古建梁架造型、门窗形式、雀替牛腿等构件朴素淡雅，是

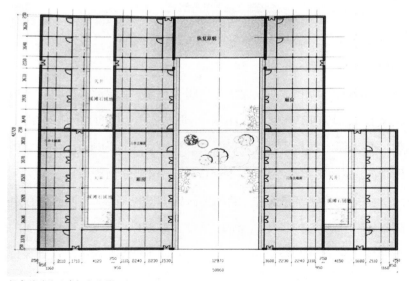

新堂楼（敬义堂）平面图

郑氏族人"崇尚简朴"思想在建筑上的物化表现。其山墙上墨线绘制的梁架、牛腿，形象生动，技法娴熟，绘制水平高超，既节省了建筑材料，又美化了建筑形象，具有较高的艺术价值。

新堂楼（敬义堂）是郑宅镇留存较为完整、典型的民国时期民居建筑，局部细节处理体现了中西建筑文化交融的时代信息。

垂裕堂

垂裕堂建筑群南临义门东路，东侧与东明书院相邻。整组建筑坐南朝北，为中大型院落式民居。该建筑创建于清乾隆年间，由同居二十一世祖郑若炫建造，后发展为垂裕堂（上台门）、中台门、下台

垂裕堂

垂裕堂天井的泄水孔

门组成的大型建筑群。20世纪40年代，日寇入侵郑宅镇，垂裕堂因族中人提水灭火而得以保全，中台门、小台门、下台门的主体建筑毁于兵燹，共计烧毁房屋七十八间。

1. 建筑布局

垂裕堂位于郑宅镇的东南部，郑宅镇东入口不远处的后溪自然村。自创建以来，经过五百多年间的不断营建，逐渐形成了由牌坊、水塘、晒谷场、上台门院落、小台门、中台门院落、下台门院落组成的大型民居群。中台门、下台门、石牌坊均已不存。

现存的上台门（即今垂裕堂）为三进三开间带两厢及附屋建筑的院落，采取左右对称的布局形式，整组建筑坐南朝北，偏西16度。其中，中轴线自北向南依次为台门、前厅、正厅、堂楼，东西厢房各十二间（两层）。

中路建筑两侧即东西附房，沿纵深方向与东西厢房并列，规模与东西厢房同。但因自然损毁和人为破坏的原因，东西附房保存得并不完整，东附房仅存后半部分，自后向前共十间（两层）；西附房仅存前部小半，自前向后共五间（两层）。

现存建筑总占地面积约1870平方米，总建筑面积为3446平

垂裕堂正立面图

方米。

垂裕堂前方现存有一面积约2000平方米的场地,按当地风俗,春节耍龙灯等民俗活动多在此进行,平时兼做晒谷场。

2. 建筑结构与形式

门厅,内带披檐,门宽1.44米,披檐单间面宽4.26米。

前厅,为单层敞厅,面宽三开间,通面宽11.76米,进深九檩八架用四柱,通进深7.74米。明间两缝梁架为抬梁式,五架梁带前后双步梁,前后檐出牛腿承托挑檐枋。柱子中部另架有月梁与格栅,架空不设楼板,为居民存放农具之用。

正厅,为面宽三间的两层楼房,进深九檩八架用四柱,通面宽12.53米,通进深8.4米。一层不设门窗,前后开敞,二层用槅扇窗作外围护,下部用木裙板,上为木棂槅扇窗。明间两缝梁架为抬梁式,五架梁前后带双步梁,前后檐出牛腿承托挑檐枋,楼层处在月梁上承格栅梁。二层山墙无墨线,仅在室外墙上绘出牛腿。

堂楼, 为面宽三间的两层楼屋, 通面宽12.76米, 通进深8.94米。明间两缝梁架为八檩用八柱七柱落地的穿斗式结构。山面不作木构梁架, 也无墨线绘制的梁架。一层明间为槅扇门, 两次间为槛墙上开木棂窗。地面为素面 "三合土"。

东西两厢房, 为两层楼房, 各十二间, 设两处通道, 连接中路厅堂与东西附屋, 通长51米, 进深8.4米。梁架为抬梁与穿斗混合式。每间房间之间的隔断墙, 一层为60毫米厚砖墙, 二层用夹竹泥墙。

东西附房, 原有规模和间数应与厢房相同。东附房现存后部十间, 西附房现存前部五间, 均为两层楼房。梁架形式及外立面处理手法与东西厢房类似。地面为素面 "三合土"。

御史第

御史第是浦江郑氏同居九世祖郑斡后人的居住地, 为一组建于民国初年的民居建筑, 是郑义门古建筑群的重要组成部分之一。郑斡(1343—1425)受业于宋濂, 学精于文辞, 工诗词。明成祖永乐初, 荐举授为湖广道监察御史。在任时, 丰功盛烈, 著绩湖广两省, 被永乐帝誉为 "诗伯第一"。

据传, 御史第附近原有枣树果园, 监察御史郑斡致仕后, 在枣树果园之旁, 筑书斋休养以居。御史公裔孙郑元桢(1486—1566), 字廷志, 号茅园, 状貌消瘦, 修长而健劲, 俭约而不喜华, 累年行贾经营, 家业日渐振兴。茅园公在御史公居室原址修建御史宅第。御史第大门前原建有砖砌屏风墙一堵，墙上粉画朝天开口麒麟图以显门第，文官到此必下轿，武官到此即下马，令人肃然。清代咸丰十一年（1861年），原建筑大部毁于太平天国兵燹，修复后部分又遭日本侵略军烧毁。[1]现在仅存第五进绳武堂还是清代中期建筑。

1. 建筑布局

御史第位于白麟溪的南面，整组建筑坐西朝东，为砖木结构的传统院落组合，白墙黑瓦原木装修，占地面积1750平方米，建筑面积3400平方米。沿中轴线依次分布有五进面宽三间的建筑，台门面宽三间，进深三间，穿斗分心式结构，明间一层，次间两层。除门厅外，其余四进均为两层楼屋。

2. 建筑结构与形式

台门，面宽三间、进深三间，通面宽12.29米，通进深6.6米。明间采用穿斗式结构，山面不作木构梁架，檩条由墙体直接承托。明间向外出八字形照墙。分心做屏门，次间加设楼板为两层。

第二进堂楼，名"茅元堂"，面宽三间、进深四间，通面宽12.84米，通进深7.97米，两层楼屋。明间采用穿斗式结构，山面不作木构梁架，檩条由墙体直接承托。堂楼后原有戏台，后被拆除，现存长达21米的纵长方形天井。两侧的厢房第二层原来都是连通的，以方便看戏之用。抗日战争时期被日本侵略军烧毁，后来复建的第二层已

---

[1] 本段资料来自郑定财《御史第》一文。

经隔开。

第三进堂楼，名"旭升堂"，面宽三间、进深四间，通面宽10.64米，通进深7.93米，两层楼屋。采用穿斗式结构，山面不作木构梁架，檩条由墙体直接承托。

第四进堂楼，名"国学公堂"[1]，面宽三间、进深六间，通面宽12.34米，通进深10.47米，为两层楼屋。明间采用穿斗式结构，山面不作木构梁架，檩条由墙体直接承托。

第五进堂楼，名"绳武堂"，现存建筑为乾隆年间所建。面宽三间、进深六间，通面宽12.63米，通进深10.79米，为两层楼屋。明间采用穿斗式结构，山面不作木构梁架，檩条由墙体直接承托。

北侧厢房，共十三间，采用穿斗式结构，为两层楼屋，南侧厢房原与北侧相同，现有改动。

新堂楼

新堂楼（敬义堂）又名"安汝止"。坐落于浦江县郑宅镇冷水村。位于老佛社之南，五房村之东。为全国文物保护单位郑义门古建筑群中富有代表性的建筑之一。

新堂楼基址原为敬义堂所在地，敬义堂为郑氏祖先郑训宽所建。郑训宽（1764—1843），字辑教，号敷五，别号敬斋。注重教育，其子孙人才迭出，仕、医、农、商兼行，经营田地千亩。创有"同德药

[1] 有"公事堂"之误称，现根据郑定财《御史第》一文订正。

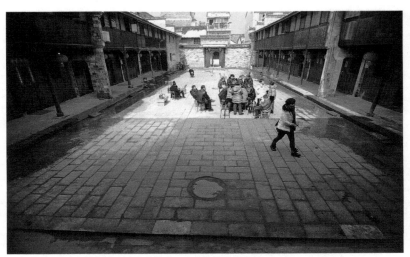

新堂楼（敬义堂）现在的天井由于缺了一进而显得异常宽大

店"、"同德泰京南货店"、"烟草商店"等商行。敬义堂毁于太平天国兵燹。清朝末年，郑训宽长房郑兴溪之孙郑定佳、郑定仕、郑定仁、郑定倍等兄弟在原址合力复建，人称"新堂楼"。1941年，日寇入侵郑宅，新堂楼的大门、正厅、后厅及部分厢房毁于兵燹。新堂楼现住户大部分为郑训宽公之后裔。

新堂楼占地约2000平方米，整组建筑坐南朝北，偏西20度。新堂楼布局对称，沿中轴线方向依次分布有门楼、前厅、后厅等建筑，两侧建有厢房，前厅厢房东西两边各有一幢七开间侧楼，厢房与侧楼间有过堂相通，中有天井。

门楼、前厅已无存。后厅、后厅西厢房、东后六间被焚毁，两厢

新堂楼（敬义堂）第二进堂楼

房及东、西七间侧楼基本保留完好。

　　前厅东厢房：七开间两层楼屋，一层高3.01米，二层檐高5.08米，通面宽25.3米，通进深8.44米。梁架穿斗式，前后七檩用五柱，构件清素。一层前檐外檐有通廊，内部砖墙隔断。二层前檐槅扇窗，内部夹泥编竹墙隔断。两侧马头山墙封护。

　　前厅西厢房：七开间两层楼屋，一层高3.25米，二层檐高5.06米，通面宽25.3米，通进深8.59米。其建筑构造与前厅东厢房基本相同。

　　后厅东厢房：六开间两层楼屋，一层高3.09米，二层檐高5.06米，通面宽20.8米，通进深8.3米。其建筑构造与前厅东厢房基本

新堂楼（敬义堂）局部内景

相同。

东七间：七开间两层楼屋，一层高3.15米，二层檐高5.15米，通面宽25.3米，通进深8.4米。其建筑构造与前厅东厢房基本相同。

西七间：七开间两层楼屋，一层高3.35米，二层檐高5.26米，通面宽25.3米，通进深8.46米。其建筑构造与前厅东厢房基本相同。

尚书第

尚书第下台门民居位于东明行政村东明六区34号，郑氏宗祠北面，莱公塘西侧，清代建筑，坐南朝北，原为三进三开间带两厢的院落，现大部分已毁，堂楼改建，仅存门楼及第二进的厅堂"师萝堂"，其牛腿等构件可见明代风格。门厅三开间，三柱落

尚书第台门

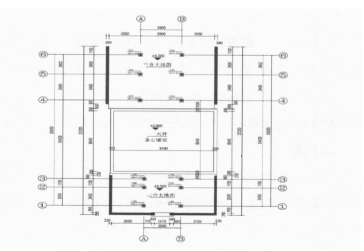

尚书第平面图

地，明间设大门，台门
石质门框，门框上方
嵌石碑，碑上阳刻"尚
书第"三字。正厅三开
间，三柱落地，前檐施
覆水。两侧厢房均为
两层楼屋。

尚书第下台门民
居原为郑沂（1338—
1412）故居，郑沂在明

师萝堂梁架结构

洪武年间官拜礼部尚书，是郑氏家族为官最高的一位先人，在郑氏
家族史上具有重要地位。该建筑工艺精良，文化深厚，具有较高的
文物价值。

送尚书郑仲与致政

姚广孝

白麟溪上尚书宅，尽说江南第一家。

历世子孙诚远大，盈床袍笏更光华。

文朋义重金兰契，圣主恩荣玉树花。

何日浙西归老去，寻君观礼泛仙槎。

[肆]复原建筑及遗址

圣谕楼与旌表牌坊

圣谕楼前的广场每年都要举行"水龙大会"

圣谕楼又称香火厅，原为郑义门总香火所在地，坐西朝东，面向白麟溪，因楼上曾供奉圣旨而得名。从前每逢初一、十五要在这里宣读郑氏家法。现存建筑已数度改建，原貌完全已废。"江南第一家"的牌匾原来一直挂在圣谕楼上，近年因旅游开发的需要才移至祠堂仪门上。

现存"圣谕楼"匾系民国方青儒所书

圣谕楼前的广场称为"花门下"，曾是郑氏族人重要的公共活动空间。每年八月初一的"水龙大会"就是在这里进行，这个广场同时也是每年元宵前后灯会表演的主要场所。旧时每年二月初八冲素公诞辰，村人邀戏班演戏于此。

木牌坊（民国老照片）

"旌表孝义郑氏之门"俗称木牌坊，又称花门。牌坊和香火厅分居广场两端。木牌坊始建于明洪武年间，天顺三年被火烧毁。成化十一年，金华知府李嗣起奏，奉旨重建，旋又毁坏。

近年复建的木牌坊

清康熙二十七年又重建。乾隆四十六年，换石条支柱十根。嘉庆庚申年被大水冲坏。嘉庆癸亥年第三次重造，约费两千六百余金。咸丰辛酉年又毁于兵燹。光绪三十四年戊申年（1908年），复又重建，约费两千二百余金。牌坊为木质建筑，南瞻圣谕楼，北临白麟溪。赤柱擎天，玄檐挂月，气象雄伟，壮观非常。民国三十年（1941年）日寇扰浦，又毁于火。近年按照民国老照片上的样式进行复原。

天神阁

天神阁，俗称天将台，与郑氏宗祠义门相对，距宗祠约50米，始建于明洪武十八年（1385年）春，坐南朝北，占地面积2666平方米

元鹿山房壁画中的天神阁图，张文晖摄

（含前后池塘），建筑面积为666平方米。天神阁四周环水，石砌台基，八卦形回廊，两侧小桥沟通，一进五间，成正方形；砖木结构，落地木柱三十二根，两层楼屋，高为22.2米，抬梁式结构，歇山屋顶；重檐翘角，画栋雕梁，古朴大方，屋脊装饰方铁画戟，气势雄伟，蔚为壮观。

天神阁正堂塑关圣帝君，关平、周仓等神像，额上为"忠义万古"匾。内置木扶梯两道，楼上设神龛，奉祀忠孝之神、梓潼帝君（又称文昌帝君）牌位。阁后壁造三十三天，有神态各异的天神天将、诸佛菩萨、神道仙姑、神鸟瑞兽等数百尊塑像，故称天将台。

每年农历二月初三，文昌帝君诞辰，郑义门族中老人和士绅，要行三献礼祭祀。其祭文如下：维某年某月某日，义门弟子郑某等谨以清酌庶羞之奠，致祭于文昌帝君之神：珠宿丽天，熊熊光精，辉联奎壁，明并台衡，一门尚义，钟毓秀灵，金闺列彦，兰翠台英，人人景仰，叶叶簪缨，惟神眷护，佑我文明，用希垂鉴，世济芳名，洁牲在俎，清沽在庭，灵爽降临，歆此荐馨，尚飨！

农历四月初十，祭忠孝之神。农历五月十三祭关圣帝君，同行三献礼，皆具有祭文。

天神阁经明清两代八次重修和维修，1861年被太平军烧毁，光绪二十九年（1903年）重造。1941年圣谕楼被日军烧毁，1947年拆迁天神阁改建为圣谕楼（其建筑开间和高度皆类同）。

另据郑氏传说，天神阁开始是供奉一位守护神的，这神原是人，一位跑腿通信的人，他在金陵和白麟溪之间跑动，京城有动静，立即由他传信，家族中的人预作防备。

近年复建的天神阁形制基本相同，但在高度上有所降低。[1]

---

[1] 录自郑定财《天神阁》一文，有删节和改动。

东明书院遗址

东明书院原名东明精舍。原在义门郑氏聚居县东三十里的郑宅镇。元初青田县尉郑德璋于东明山麓创办精舍，族中子弟年十六者皆读书于其中。后经扩建，有屋二十楹，前堂后寝，东西两侧为成性、四勿、继善、九思四斋，另有答疑所为敬轩，鼓琴处为琴轩，退息室为游泳轩，琴轩外有清泉一泓，四周苍松翠柏，环境清幽。初聘吴莱主讲席。元统二年（1334年），宋濂慕名来学，翌年起继主讲席二十余年，一时人文蔚起，负笈来游者有天台方孝孺等。东明精舍明末毁于虫蚁之侵害。明嘉靖年间，同居十二世祖郑鏻在玄麓溪南建南溪书院。清乾隆二十七年（1762年），族人集资建东明书院后，又将南溪书院改为宋文宪公祠。从东明精舍到南溪书院再到东明书院，郑义门书院的历史一直是延续的。东明书院前厅居业堂为诸生会课之所，中庭薮飞处为讲堂，内有敬轩为堂寝，南北各造厢房十楹为诸生肄业之所，大门北向，与东明山相望，门前溪水如带，周筑以墙，墙内合抱之豫樟荫覆满院，并筑石池、植花木，以供游憩。乾隆五十一年（1786年）、嘉庆十一年（1806年）、道光二十二年（1842年）均经修葺。清末改为东明高等小学堂。至1976年前后全部改建，现仅残存一面院墙及石匾额。

青萝山房遗址

青萝故址位于距郑氏宗祠东北方向约1公里的青萝山麓。元至

东明书院门楼

东明书院墙上残存的民国时期标语

咸丰五年的青萝故址碑

青萝山旁的宋文宪公祠遗址

正年间，宋濂慕郑氏"九世同居"的"孝义家风"，举家自金华潜溪徙居于此，于青萝山中筑室读书，因名其楼为"青萝山房"。青萝山房坐北朝南，有楼房三间，前轩三间平房，中有一个小院子。刘基（伯温）贺宋濂新居，谓青萝山"晨岚暮霭滴晴雨，烟条雾叶相蒙茏"。1360年，朱元璋聘宋濂出仕，后官至翰林学士承旨知制诰。洪武十年（1377年），宋濂年老致仕还乡。洪武十三年冬，因长孙宋慎牵涉胡惟庸案，举家谪茂州，翌年卒于赴四川途中。青萝山房遗址之南有宋濂夫人贾氏墓，墓旁附葬子宋隧、孙宋慎，明代天启七年立石重修，成化十八年（1482年）在此故址建宋文宪公祠，营屋三间，并塑宋濂像。清代九次重修，咸丰丙辰年（1856年）移造宋文宪公祠于东明书院敬轩之后，重建正宇拜厅各三间。民国初年又在青萝

青萝故址旁的宋濂墓园

故址设戏台，每年十月十三至十五演戏三天，以纪念宋濂。

戏台等建筑毁于20世纪50年代，现东明书院原址仅存"宋文宪公祠"石匾一块。

[伍]楹联与匾额[1]

一、匾额

1. 郑氏宗祠仪门匾额

"江南第一家"。明洪武十八年（1385年）七月，家长郑濂赴京

---

[1] 本节资料来自"江南第一家"文保所提供的小册子《江南第一家》，第33页，作者郑麟秀。

谢恩时,明太祖说:"你家九世同居,孝义名冠天下,可谓'江南第一家'矣!"帝问:"何以治家?"郑濂对曰:"谨守祖宗成法。"因以家规进。帝览后,顾左右曰:"人家有法守之,尚能长久,况国乎。命你今后,每岁朝见,可与颜、曾、思、孟子孙来朝,同班行礼。"命赐宴,郑濂、叔悦叩头谢恩而归。郑氏以圣恩优荣,书"江南第一家"匾,额于郑氏宗祠门上。

"敕旌孝义宗祠"。明万历戊申年(1608年)张应槐原题。张应槐,字汝植,明万历十四年(1586年)进士。该匾1993年由著名书法家姜东舒重书。

"江南首族"。此匾原由文林郎范养民书,1993年由著名数学家、诗人苏步青重书。

2. 师俭厅匾额

"师俭"。翰林周伯温书,1993年由书法家何保华重书。

"世笃其义"。进士吴应台书。

"世德王祯"。兵部侍郎徐简升书。

"孝义家"。明洪武二十三年(1390年),义门家长郑濂因叔式赴京谢恩。明太祖说:"你家累世同居,人敦孝义,看来天下只有你们一家。"即命取纸笔,亲书"孝义家"三大字以赐。当御笔写"孝"字上的"土"字时,墨尚淡,即住笔,俟墨浓,后再写下"子"字,因而念曰:"江南风土薄,惟愿子孙贤。"书毕,家长捧出,谢恩而归。

"世笃忠贞"。进士李从龙书。

"百世一家"。知县王允璘书。

"修齐坊表"。进士何子祥题。

"扶翼圣道"。金华府通判李之规书。

"淳徽百世"。清嘉庆金殿传胪戴殿泗书。

"麟凤世家"。知府张朝瑞题。

"代有完人"。全浙学政雷铉题。

"立德不朽"。清雍正邑使者张人菘题。

"和义"。明正德二年（1507年）都察院右副都御史徐源题。

"义泽名家"。明万历廿八年（1600年）重阳太子太保吏部尚书兼建极殿大学士王锡爵题。

"寻源守义"。知巴陵县事二十四孙遇亨书。

"名震天朝"。按察司副使刘广生书。

"世受皇恩"。明洪武太子太保王彦良题。

"和睦"。提刑按察司副使张岐题。

"积善之家"。赵期颐书篆。

3. 有序堂匾额

"有序"。太常博士柳贯题篆，旁有"允遵祖训，毋听妇言"一联。

"化家型俗"。清康熙知县、进士杨汝谷书。

4. 拜厅匾额

"孝友堂"。明建文帝在位时, 曾题赐"孝友堂"三字。因"靖难"兵起, 建文帝逃亡。郑氏八世祖翰林待诏郑治也随帝出亡, 该匾因而隐讳。至万历己未 (1619年) 颁发昭雪靖难死节之典, 始复悬于宗祠拜厅。

"东浙第一家"。元至正庚寅年 (1350年), 肃政廉访司使余厥公, 察知郑大和家累世同居, 谓海内七郡未能见, 特题篆"东浙第一家"五个大字。

"历朝钦仰"。明万历进士庄起元题赠。

"遗风犹在"。清光绪知浦江县事伍燮寅书。

5. 老佛社匾额

"麟凤"。元至正十三年 (1353年), 义门同居八世祖郑深, 时为宣文阁授经郎。皇太子习书端本堂, 深日侍其砚席, 宠遇殊甚。太子常问郑家同居事, 屡叹以嘉瑞, 特书"麟凤"二字以赞美之。原匾已毁, 1985年由著名书法家沙孟海重书补制。

二、楹联

1. 宗祠门口楹联

"三朝旌表恩荣第, 九世同居孝义家"。原联已毁, 1985年由著名书法家郭仲选重书。

2. 师俭厅楹联

　　"孝友出张陈之上，文章接吴宋以来"。在中国家族史上有过两个家族曾长期同居。一是唐朝张公艺以"百忍"同居；二是宋初九江德安陈兢十三世，七百余口，乃士大夫家同居。当时论者，以为张公艺的容忍，是一种"委曲将顺"的办法，可令人"慨叹"，而不能"俾后昆习而自然"（元翰林检阅郑镇孙语）；而九江陈氏治家"家法"和郑氏治家"规范"比较，以为"郑为最，陈乃次之"（元代陈绎曾语）。故而"孝友"出张、陈之上。吴莱、宋濂曾在麟溪东明精舍执教，为郑氏义门培养一批精英，有的从政，有的驰名诗坛，有在家种地人，也有才高八斗者，这是郑氏义门孝义之家、耕读家风人生的真实写照。此联由芝生陈毓秀撰，1985年由绍兴书法家沈定庵重书。

　　"史宦不用春秋笔，天子亲书孝义家"。天台方孝孺撰，该联原为白底金字，系方孝孺亲笔所书，悬于"孝义家"匾两旁，今由绍兴书法家沈定庵重书。

　　3. 中庭楹联

　　"孝而忠政事无非德行，义且节巾帼亦是丈夫"。滇南吴官题，1985年由杭州书法家蒋北耿重书。

　　"宋元明三朝赐命，忠孝义百世流芳"。天台徐秉文题，1985年，杭州书法家邹萝祥重书。

　　"翼子贻孙济济同居九世，规曾矩祖绵绵尚义一门"。绣川黄人仑题。

"孝义振家声江南第一,麟凤挥睿藻朝右无双"。金华长山傅文光题。

"婉愉生于和气,敬直兼以义方"。邑人戴王祥题。

4. 有序堂楹联

"看根石柯铜树犹不朽,扶膳钟训鼓器岂空存"。绣湖张书乘题。

5. 拜厅楹联

"义风弥张喜鼎食钟鸣犹是三朝旧绪,祖泽连绵看蛟腾凤起仁膺奕叶新纶"。阎士尊撰。

6. 寝室楹联

"三圣岩西峙三朝旌表三子发祥孝义家风三代上,九曲水东流九世同居九贤崇祀巍峨庙貌九楹间"。

7. 土地祠楹联

"载物本无心独向义居分造化,察邪偏有眼时从屋漏见精明"。

8. 香火厅楹联

"文章空冀北,孝义冠江南"。金华曹开泰题书,1985年由绍兴书法家沈定庵重书。

"白麟吐水护旌门,紫凤唧书排禁闼"。"麟凤出人间谁居座右,孝义弁天下奚止江南"。青田刘基题书,1993年由兰溪书法家陈永源重书,现移悬于宗祠"江南首族"匾额两侧。

9. 荷厅楹联

"铁面本无情笑三度愧杀庸夫俗子,绿晴偏有泪哭两场呼开地府天门"。

10. 九世同居碑亭楹联

"合族源流始,同居发轫初"。"碑亭永树同居地,故址长存尚义家"。郑骏声撰。

11. 孝感泉亭楹联

"千古风流麟溪水,一泓懿范孝感泉"。郑修珑撰,1994年由书法家何保华书。

12. 老佛社建文神位两旁对联

"枯井含章龙潜迹,阖村赛社凤来仪"。

13. 宋文宪公祠楹联

"翊景运于南都望重伦扉,制造千年宣德主;审孤忠于西蜀神归故里,馨香百世企师傅"。稠州王芳题。

"鲁岱风高,千古鹿山同景仰;潜溪派衍,一环麟水足渊源"。金华曹开泰撰。

"观化流声垂剑阁,传心懿范仰鹿山"。遂安郑荣美撰。

"伟业与鸿文休声永传海宇,尊师同敬祖仪容长肃义门"。每岁新正,悬挂宋太史遗像于宗祠中师俭厅。

传承与保护

郑义门古建筑群不仅仅由工匠们所营造，郑氏家族的历代要人也参与了设计，出现了不少木雕、墙画艺师。但目前古建本体、环境及营造技艺均处于濒危状态，后继乏人，亟须加强保护，使之代代传承。

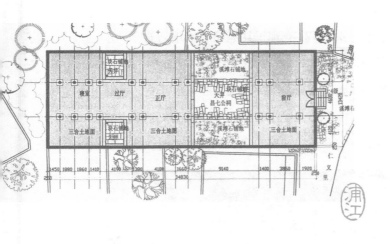

寝室　过厅　正厅　天井 昌七公祠 前厅

块石铺地 大井

块石铺地 天井

三合土地面 块石铺地 三合土地面 溪滩石铺地 三合土地面

溪滩石铺地

溪滩石铺地

溪滩石

1450 1880 1860 1410 4190 3380 4180 1660 9140 1400 3850 1920 250
250 34830

仁 义 里

浦江

传承与保护

[壹]代表性艺师

    郑义门古建筑群的营造过程，有别于其他民居的地方在于：这个建筑群不仅仅是工匠们的杰作，郑氏家族中众多名声显赫的人物以及他们的师长都参与了营造设计。翻阅郑义门的家族历史，我们可以看到，除了郑氏家族中的历代要人，历史上有名的风水大师赖布衣以及开国文臣宋濂都可能参与了郑义门建筑的蓝图设计。郑氏同

拜厅前的古柏相传为宋濂手植

居二世祖郑照公年轻时即是赖布衣的好朋友，郑照公的墓地即是赖布衣亲自选的，且是赖公羽化前的杰作。赖布衣生于1096年，据郑氏宗谱记载，郑照公生于1099年，两人年纪与此传说相符，近年还有赖氏后人专门考察了郑照墓地并作了分析印证。可见，在郑义门家族创业初期，从村落的选址到房屋的朝向很有可能受到了他的直接影响。而作为郑氏家族最受敬重的师长宋濂，据族内文献记载，元至正年间，祠堂从一进五楹间扩建为三进二十七间时，他亲自参与了祠堂平面布局的设置，包括今天看到的三个水池的位置，据说是宋濂当时设计的，他还亲手种下了十多棵古柏，现存八棵。

当然，无论是赖布衣还是宋濂，他们仅触及规划层面，就具体的营造来说，则还是有赖于当地工匠。郑义门建筑历代都有重建和重修，尽管在《义门郑氏祭簿》中详细记载着每一次重修重建的时间和费用，但工匠的名字是不可能记载在册的。明代《嘉靖浦江志略》统计了嘉靖元年（1522年）浦江的总人口为六万九千七百二十一人，其中匠户六百九十八人，部分类别匠人的数目为：银匠七人，铁匠三十人，铜匠八人，锡匠五人，木匠七十四人，竹匠十九人，石匠十九人，瓦匠二十二人，锯匠七人，刊字匠一人，漆匠两人，络丝匠两人，织匠两人，伍墨匠八人，裁缝匠十九人，穿甲匠二十四人，黑窑匠七人，双线匠七人，土工匠三人，乐器匠一人，纸匠一人，泥水匠一人，染匠二十四人，机匠三十九人，索匠十八人，这些工匠中大半与建筑营造有关，其中木匠数量最多，他们活跃在建筑营造工地或家具作坊里。

木雕艺师夏天赤膊工作

郑氏宗祠拜厅中的墨绘墙画

浦江的工匠大多崇奉鲁班师。石匠、泥水匠、木匠，协作关系较为密切。但其间也有尊卑之分。新房落成时，东家设宴酬谢，安排座次时，石匠居首，泥水匠、木匠、漆匠依次排座，形成定式，各无异言。工资要数石匠最高，泥水匠、木匠次之，篾匠等地位及工资均较低。上工时间泥水匠、木匠较迟。有"泥水木匠，日头三丈，裁缝篾匠，门口等天亮"的说法。

石匠除制作石板、石柱、石门架、石础及石器等建筑构件和家具之外，还参与建造桥梁。祠堂门口的石狮、刻有精美图案的石牌坊以及各种石器浮雕等，也都出自石匠之手。

泥水匠，除砌房建灶等工艺外，还要学会绘画。过去，大户人家和祠堂、庙宇等建筑物上都有墙画。墙画有山水、花鸟、人物故事及各种图案花纹等，这些大都出自泥水匠之手，其中技艺高超的不少。

近年来，泥水匠已多不习此。

石匠、泥水匠、木匠都崇拜鲁班师甚诚，石匠礼拜尤勤，每月初一、十五都要祭拜。工匠外出做工，离家五里路之内，晚上都要回家。回家时，石匠带铁棍，泥水匠带砖刀，木匠带斧头、六尺杆和墨斗，据说这些东西，如鲁班尺、角尺、粉袋等为祖师所传法宝，墨斗之墨则系文房之宝，都能防妖避怪。

木雕工具

木雕艺师中有很多女性

雕刻匠俗称"花匠"。祠堂、庙宇、厅堂、戏台、富裕人家的房屋构件及陈设的器皿和装饰品等，都有精美的雕刻图案，此种工艺均出自花匠之手。浦江花匠，名手很多。本世纪初，堂头的周光洪（又名周孟潺）师，勇于创新，工艺精湛，驰名于县内外，《中国美术家人名大辞典》亦收录其名。近年来油漆工也兼营此业，两业有渐趋合并的趋势。

为了有人后继，各种匠作都收徒弟。一师在同一时间内，一般只带一徒。学徒拜师，要先拜鲁班师，并设投师酒，订立投师约。学徒期三年，出师后叫半作，再三年则为伙计，又三年方可单独操业。学徒期间，不得转师，一般不付工资，只给少量零用钱，还得干师傅家内一切活计。学徒虽年轻力小，但外出做工，也得挑工具担。在东家，不能与师傅并起并坐，吃饭时要比师傅先吃完，上好菜时，师傅不说，徒弟不得动筷。收工时，徒弟要清点收拾工具，并捧洗脸水给师傅。春节要给师傅拜年。学徒期满，要办谢师酒，酬谢师傅教诲，师傅则给徒弟一些旧工具，以作纪念。徒弟单独开作后，未经师傅允许，不能到师傅的原东家干活，否则算"欺师"。

文人画师倪仁吉

倪仁吉（1607—1685），字心蕙，号凝香子。浦江县通化龙池上金生村（今兰溪市倪大村）人。浦江地区的许多古建筑，其墙画有部分出自她之手。

倪仁吉是吉安府同知倪尚忠之女，十二三岁即喜爱吟咏，十七岁嫁义乌县大元村抗倭名将吴百朋曾孙吴之艺为妻。婚后三年，其夫病逝，遂"凄清孤苦，守寡独居"，在义乌大元村终其一生。倪仁吉才情双绝，文、诗、书、画、绣、琴等皆臻精妙。

倪仁吉早期书法得益于其兄倪

倪仁吉遗像

倪仁吉《鹊梅图》

仁祯的言传身教，少小即有名气，后转益多师，取方各法，自成一格。她尤长小楷，写得珠圆玉润。深厚的书法功底，也奠定了她绘画艺术的基础。

倪仁吉在绘画方面广收并蓄，山水、花鸟、人物无所不长。《金华诗录》评论倪氏："作小幅山水，近学文徵仲，远不愧赵欧波。迄今得书画片楮，珍若拱璧。"清代徐元叹《落木庵集》品题闺秀艺事也云："倪仁吉山水，周禧人物，李因、胡净（陈洪绶妾）草虫花鸟，皆入妙品。"倪仁吉之侄倪一鹰也称她："写声绘馨，极备其妙。"

倪仁吉年轻守寡，生活清苦。其书画作品一如她的诗文，意境清绝，凄楚感人。其大部分的作品早已失传，今浙江省博物馆收藏的《仕女图》，是她的人物画代表作，还有《发绣大士像》两帧，其中一帧今藏日本，有诗作《凝香阁诗集》付梓。明清文人笔记中传其轶事，备受称道。

李维贤《双狮图》

徐希仁墙画作品（局部）

墙画艺师李维贤

李维贤（1825—1907），浦江县黄宅镇李源莲塘沿村人，擅长人物，兼善山水、花鸟和狮虎。清咸丰十一年（1861年）从太平军作画，随军绘制龙虎旗、饰物与侍王府壁画等。同治十三年（1874年）始返故里，从事泥塑、墙画和写真，有风俗画《坐唱图》等传世。

墙画艺师徐希仁

徐希仁（1844—1883），浦江县白马镇嵩溪村人，原名徐心宅，字希仁，号梅园，侩生。书画家，民间尚有作品留存。

民间画师朱杏生

朱杏生（1867—？），字颖笙、隐生，又号潜，晚年自署清逸居士，浦江城南人。他出生那年，正是太平军退出浦江的第五个年头。杏生幼时上过几年私塾，后因家里付不起书费而辍学。父母见他平素喜欢刻刻镂镂，便送他拜师学雕花匠。不几年技艺大进，后又在诗书画各方面都有造诣，有《杏生诗抄》存世。他有一首《柳岸听莺》流传颇广："满岸青青柳，黄莺深处啼。巧声千百啭，闲听夕阳西。"

旧时，浦阳镇各街行元宵迎花灯。朱杏生扎的花神灯最引人注目，花神的手部头部都能灵活摆动。中年以后，家道稍振，朱杏生的名气越来越大。金衢严杭绍等地，凡民间祠庙建造都来邀请他去。至今上述地方还留有他的构筑雕件和泥塑墙画。传说建德姚村有一座关帝庙，殿壁八仙是朱杏生所画。杏生死后，因年久斑驳，当地百姓又请了建德画师补画。补完一壁，百姓视比杏生原画大为逊色，乃决意留另一壁不再补。他留存在民间的作品数量较多，不仅有墙画，还有单幅或多幅屏风画、纱灯画、中堂、屏条，以及自制画谱、装饰画等等。他不仅善画山水、花鸟，还擅长人物画。

朱杏生一生在民间从事艺术活动，所接触的大多是底层人民，与他们有浓厚的感情。他曾经画了一幅《菘》图赠给友人，上面自题诗曰："学圃于今二十年，不栽花木落风前。只将一片清闲味，留与人间作好缘。"吟的是农民家常吃的白菜，说的却是自己的心况。

朱杏生画学陈洪绶、任阜长和任伯年等，他描绘先贤、仙释、剑侠、高士一类人物，用笔古俊生动、清圆细劲。朱杏生的山水画

朱杏生《隐笙归雁》

初从清"四王"入手，但又不拘一格，对董、巨、马远以及"二米"的笔法都有吸收。他常年跋涉于青山绿水之间，所到之处，对景写生，勾勒画稿，以备创作之需。由于得益于江山之助，他的山水作品很快地从画谱中脱胎出来，形成了自己独特的风格。[1]

木雕艺师周光洪

周光洪（1868—1941），字梦潺，号柴珠人，浦江县郑宅镇堂头村人。他年轻时从艺民间厅堂建筑雕刻，刀功出类拔萃，后期专事树根、柴根、竹根雕刻，名震一时，人称洪师。

周光洪家境贫寒，但从小天赋聪颖，爱弄墨舞刀，绘画雕刻。他十多岁时，村里造花厅，请来一位花匠，名天高，浦江县通化乡西塘下村人，花匠见到各家门上贴的钟馗十分生动，都说是放牛娃周光洪的作品，便主动找上门收他为徒。光洪学艺非常专心，师傅的把式、刀法、起稿、打坯、脱地、修光等各种技法都看在眼里，记在心中，晚上睡在床上，反复琢磨如何雕刻人物的形象、动态、服饰和情节。师徒俩形影不离，亲密无间。师傅病了，光洪背着他四处求医，

[1] 详见洪以瑞《民间画师朱杏生》一文。

堂头村

抓药煎汤，殷勤调治，深得师傅爱心。师傅见徒弟肯学，人又忠心诚厚，便将一身雕花绝技毫无保留地传授给了他。

二十岁时，洪师在地方上已有相当名气，前来邀请他去造花厅、祠堂、戏台和庙宇的很多。他晚上总是失眠，老想着第二天的雕件如何创作，因此他常年患红眼。诸暨县边村建造边氏宗祠时，同时请了洪师和东阳花匠来雕造，并将厅堂分做两部分一人一半作业，希望他们俩能见个高低。东阳师傅见洪师蓬头乱发、衣衫破旧、脚套蒲鞋、嘴叼烟筒，眼中有些轻蔑之意，他即刻绘图、打轮廓线、脱地。洪师只是抽烟，仔细掂掂木料的重量，辨认纹理和质地。东阳师傅已初具面目了，洪师才抡起刀斧。民间传说这次比赛中洪师施展了他的独门秘技：盲刻，也即白天构思，晚上抹黑奏刀，不点灯火全凭记忆，指落刀行，木屑纷飞。洪师雕好牛腿，对方师傅还在修光。围观群众开头以为在精雕细作方面东阳师傅要胜过洪师一筹。牛腿一上梁柱，洪师雕刻的人物神采飞扬，气势轩昂，东阳师傅雕刻的却眉目不清，相形见绌。东阳师傅甘拜下风，拆下牛腿请洪师重新制作。从此，

昌七公祠中周光洪雕刻的牛腿

他艺名远震四方，邻县来浦江拜师学艺的也越来越多。1918年学徒多到十八人。一生授徒一百多人，桃李遍布浙江各地。[1]

　　洪师刀法凌厉精准，圆雕、浮雕和透雕穿插运用得恰到好处，人物造型皆是他从民间戏曲中直接汲取，所以眉目间神采四溢。浦江县文物保护单位九皋殿古戏台，单只牛腿上就刻有三国人物六十多个，每个人物神态各异，但神情顾盼形成了一个不可分割的艺术整体。洪师和他的徒弟们的足迹除了遍及浦江县各乡，还在杭州、

[1] 详见洪以瑞《民间雕刻艺术家周光洪艺痕录》一文。

萧山、诸暨、义乌、兰溪、建德、桐庐等地造了大量的花厅、祠堂、戏台、庙宇,甚至花轿、花床、门窗等。洪师雕刻,稍加沉思,灵感神速而至。问他有何诀窍,他总是这样回答:"我的雕刻是睡眠时下的功夫。"意思是功夫在刀外。可见艺术创作贵在思维,刀只是死的工具。

墙画艺师周丽亭

周丽亭(1879—1945),名光达,以字行,浦江郑宅堂头村人,系周光洪弟弟。幼家贫,喜绘画、泥塑,临摹画谱,以至废寝忘食,牧牛割草之余亦不懈怠。揣摩日久,便脱胎变化,自辟蹊径。善人物、花鸟,尤擅写真。常先用淡墨描出五官之大意,继而用粉彩渲染,再以浓墨勾勒衣纹,使画面光色烨然,神态形象无不跃然纸上。墙画作品现存浦江县郑宅镇昌三公祠墙画及郑宅镇前店村厅堂墙画等。

周丽亭绘画作品,施明德先生收藏

王思宣（1901—1976）

木雕艺师王思宣

王思宣（1901—1976），周光洪的外甥，浦江县郑宅镇上新屋村人，擅长木雕，作品有浦江县郑宅镇、黄宅镇一带的祠堂、民居等建筑构件上的雕花，以及当地家具上的雕花等。

王思宣雕刻的床（局部）

木雕艺师徐心泉

徐心泉（1904—？），字恕之。浦江县白马镇嵩溪村人，为洪师高足，雕刻技艺极为高超，据传其某些作品比洪师本人雕刻得更为灵动，村人说他后来去了国外，不知所终。

木雕艺师徐长庚

徐长庚（1910—？），浦江县白马镇嵩溪村人，为徐长安的兄长，雕刻技术精湛，闻名远近乡里，惜英年早逝。

徐长庚（1910-？）

徐长庚木雕作品

木雕艺师徐长安

徐长安（1914—1976），浦江县白马镇嵩溪村人，周光洪的关门弟子，跟洪师雕刻过浦江、诸暨一带很多的祠堂厅堂，比如嵩溪祠堂、郑宅老佛社等。

徐长安（1914—1976））

木雕艺师周必局

周必局（1915—1976），浦江县郑宅镇堂头村人，后移居郑宅三郑村，学徒期间跟周光洪为很多厅堂、寺庙雕刻过，诸暨县边村祠堂，浦江县杨林村厅堂，浦江县张姓祠堂、郑宅祠堂、三郑祠堂等等。因时代变化，后一直做农村家具等雕刻，到1976年故世。

周必局（1915—1976）

周必局木雕作品

难得葫芦能恍惚
明逸见指哀
吴然

张友春绘画作品，施明德先生收藏

民间画师张友春

张友春（1920—2000），浦江县七里村人，周丽亭弟子，擅人物，并擅长泥塑、墙画。所作人物画大多源自生活，形象生动。作品有浦江县黄宅镇梅石坞村的祠堂墙画等。

墙画艺师潘永光

潘永光（1947—　），浦江县岩头镇芳地村人，自幼受到以书画为生的同村人黄寒山的言传身教，后拜本地画家张有春为师，擅长工笔人物、传统佛画、年画等，尤擅墙画。他的作品平易通俗，贴近百姓生活，极具地方乡情民俗特色。笔调轻松，施色精妙，色泽妍雅，点染眉目顾盼有情，画法细密而有韵意，衣纹劲逸而具丰致。墙画作品遍布浦江各地，比如黄宅镇前陈村郑氏宗祠、东岭陈氏祠堂、石宅石氏祠堂、杨田州周氏祠堂、下张张氏祠堂、吴大路吴溪祠堂等。曾为杭州东方文化园创作150多米长的壁画《法界源流图》。

木雕艺师于根法

于根法（1956— ），浦江县郑宅镇三郑村人，十四岁即拜浦江著名民间艺术家周光洪门下高徒周必局、王思宣为师学习雕刻。

潘永光正在创作骑鹿寿星墙画（图片由艺师本人提供）

于根法的竹木根雕技艺个性鲜明，秉承了周光洪刀法洗练、构图巧妙、造型生动、擅线雕和精浮雕的传统特色。他的作品在传统"周花体"的基础上吸取"画工体"的长处，更显玲

于根法在创作根雕（图片由艺师本人提供）

珑剔透、层次丰富、立体感强，表现既有镂空深雕之美，又有坚实牢固之感，独具匠心。他的作品题材比较广泛，凡民间故事、神话传说、戏曲人物、博古静物、锦绣山河、花卉虫鱼，无所不涉。

1982年，他承包浦江县塔山公园雕刻楼台亭阁；1984年承包制作杭州西湖游船；1993年为浦江县左溪寺雕刻；1999年修建浦江县

郑丽人在制作竹雕作品

马安山厅堂；2003年至2006年为浦江县马安山大王殿雕刻，为义乌市风景旅游区雕刻。

培养学徒十余名：于根技、黄国信、朱金良、费良栋、童铁锋、郑胜严、黄继局、沈军良、于江泷、于江波等。

木雕墙画艺师郑丽人

郑丽人（1951—　），别名郑礼人，浦江县郑宅镇冷水村人，师承白马镇嵩溪村徐长安。2005年参与"江南第一家"古建筑群的修复工作，主要修复郑氏宗祠、尚书第、荷厅、后溪古建群等其中的雕刻件，其作品还包括天神阁、旌表牌楼中的建筑构件，以及"江南第一家"古建筑中修复的墙画作品。此外，还在1981年参与雕刻浦江县塔山公园楼台亭阁，1983年应邀雕刻杭州西湖龙凤游船，2008年参与义乌市佛堂镇古建筑的修复、复建工作。

[贰]古建现状

古建本体的濒危状况

作为营造技艺的载体，郑义门古建筑群始建于宋代，历代屡有重修和重建。历史上对郑义门古建毁坏最大的主要是火灾、水灾、战争和人为破坏。由于地理上的原因，郑义门古建北面群山连绵，遇到降水量大的季节，山洪暴发，郑义门就有可能遭受水灾。《义门郑氏祭簿》中，就有多处房屋、桥梁屡被冲毁的记载。不过，从元代一直到新中国成立初期，郑义门有一套完备的管理体系，管理者接受族中人的捐款，于灾后进行修缮和重建，因此，尽管水灾不断，但并没有对古建造成实质性的重创。相比之下，火灾的打击就要大得多，郑义门历史上的火灾以明代正统十四年（1449年）和天顺三年（1459年）的这两次为最，烧毁无数房屋和其他家产，这两次火灾规模大，相隔时间又近，造成的重创已经无法平复。在现存的建筑中，尽管能找到水灾淹没过的痕迹，但火灾的遗迹则很难见到了，都已经消失在历次重修、重建之中了。而战争破坏的证据则到处可以见到，近现代对郑义门古建破坏最大的主要是太平天国时期和抗日战争时期，前者当地百姓称为"长毛作乱"，毁坏房屋无数，比如尚书第中师萝堂的两根柱子上还留有太平军砍劈的刀痕；后者主要是1941年日军侵扰和1942年日机轰炸。1941年这一次，日军在郑宅烧毁宗祠祠堂门、圣谕楼、木牌坊、佛楼、守义堂及民房六百余间，是历史上破坏最大的一次。

根据郑氏后人郑定财回忆："文化大革命"时期，号召大家"破四旧"，红卫兵拿起斧头、柴刀，肆意毁坏郑氏宗祠上的牛腿、雕花。时任浦东供销社郑宅分社主任的郑隆骝是郑义门后人，他说这

原浦江县供销社郑宅分社主任郑隆骊

浦江县老摄影家张文晖正在查看自己80年代拍摄的浦江郑义门古建图片

些古建筑如果损坏倒塌将永远无法复原，便冒着生命危险，用烂泥拌稻草抹平古建筑上的雕刻，用石灰水进行粉刷，掩盖了暴露在外面的这些文物。他又叫职工用旧报纸糊在牌匾上，然后当作卧室隔板，这样巧妙地保存下来七块牌匾。东明书院的末任院长郑骏声也是郑宅人，冒着被批斗的风险，隐藏了郑义门《郑氏旌义编》、《郑氏家仪》等大部分史料典籍。还有郑宅镇农民郑可荣，为了防止郑氏家谱被红卫兵烧毁，将家谱藏于柴堆、猪圈中，保存了全套完整的家谱。20世纪80年代初，浦江县文化馆的摄影干事张文晖，来郑宅镇拍摄时，意识到这些建筑的重要性，他向浦江县委写报告，指出"江南第一家"的这些古建筑，是中国宗法制度的一个典型，应该好好保存。

从新中国成立后至1999年，郑氏宗祠一直由郑宅镇粮站使用。1982年7月，粮站要砍掉元代时宋濂手植的柏树，改有序堂（家族议事厅）为粮仓，小学老师郑可淳为此事空腹日行一百多里，专程赴金华地委，得到行署"古柏为重要文物应予以保护"的批复，但可惜古柏还是被砍掉了一棵。而且有序堂也被拆毁，并在其原址建了一个大型粮仓。

祠堂中的古柏原先共有十二棵存活，分别为师俭厅前七棵，拜厅前五棵，80年代祠堂改建过程中，一些人把一棵柏树砍了，锯成一段一段，用拖拉机拉到郑家坞去分掉了。太平池边上的数棵因为池塘改造动了根部，逐渐枯死了，现在只遗留八棵。

1994年，郑宅镇进行旧城改造，欲拆除多处古迹，郑宅镇十几位老人联合起来请愿，由郑氏后人郑可富、郑定财等牵头作为民意代表，向浦江县委、县政府有关领导

1983年7月，金华地区群艺馆馆员在祠堂前留影

郑氏后人郑定财在保护郑义门古建过程中做了大量的工作

和部门递交了要求保护文物的申请。郑定财前后共写了四份报告，终于在1994年5月14日，他撰写的《要求搞好郑宅镇规划、保护文物和历史遗迹，开发旅游事业，启动农工商贸，振兴郑宅经济》的报告得到了县委、县政府的重视和肯定。但旧城改造还是毁掉了很多古建，比如小同居（守义堂）一带以前是一片古建，规模同垂裕堂，是省级历史文化保护区，为了建商业街、玄麓路，被拆掉了，同时被拆掉的还有一座佛楼。郑文记宅中的窗据说雕工非常精美，人称"千工窗"，两个木工整整做了三年才告完成，但近年也被只看到眼前利益的人卖掉了。

郑义门古建筑群于2001年被国家文物局公布为全国文物保护单位，由郑宅镇内留存的三十处清代及民国时期的建（构）筑物组成，间有部分明代遗构，建筑的类型有宗祠、支祠、民居、桥梁、书院、井泉、遗址和摩崖石刻等。

据传此匾在2005年之前已去向不明

　　列入郑义门古建筑群的古代建（构）筑物类型丰富、形式多样，其归属产权和管理的方式也不尽相同，从而导致保护状况的不同。

　　（1）郑氏宗祠、昌三公祠、昌七公祠等公共建筑物基本上已收归国家所有，有专人负责管理，建筑也经过维修，保存情况相对较好，但因缺乏科学系统的保护和维修，建筑仍存在着不同程度的破损和糟朽现象。

　　（2）九世同居碑亭、孝感泉、崇义桥等井、泉及桥梁的自然损毁和风化情况相对较严重。其中孝感泉亭子翼角摔网椽的做法比较简朴，但早期修复得比较粗糙，摔网椽与老戗木之间的接合程度不够，造成封檐板受力，屋顶极易坍塌。

　　（3）垂裕堂、新堂楼、御史第、尚书第、元鹿山房等仍为民居建筑，产权归村民所有，且有多户居民居住。虽然这几年大多数建筑经过古建公司维修，但尚未进入大修程序的如御史第等，还存在着不同程度的破损和被改动情况，主要表现为肆意拆毁古建筑翻建新建筑、随意改变古建筑的结构和装修形式、对有壁画的墙体进行重新粉刷等行为。即便

元鹿山房中的壁画保护情况不容乐观

是近年修复后的建筑，还存在着乱堆柴草杂物、乱拉电线和使用明火等现象，缺乏必要的安全措施等更使这些古建筑存在着多种安全隐患。

部分建筑在近年的复建过程中，由于条件的限制和调研的不足出现了与原来的建筑有差距的状况。比如郑氏祠堂中的有序堂和寝室。按照郑氏后人的看法，现在的有序堂比原来规模要小得多，柱子比原来的低矮，梁架原来有中柱的，复建时被省去。本来是樟木做的梁架，现在用的是东北红松。有序堂两边的陪弄，本来用来放置钟鼓的，但现在复建的要窄得多，因此钟鼓只好移到了后廊上。不过原来的钟鼓体量比现在重铸的要小。据郑定财先生回忆，当时敲钟时要走上两级台阶，站在一个木制的台子上敲的。陪弄呈长方形，两端敞开，钟鼓置其中，相当于置于共鸣腔中，所以原来的钟尽管小，但响声比现在的好，据老人们说，敲起来连诸暨那边都能听到。原来的钟在1958年"大炼钢铁"时被毁，那口钟铸于乾隆年间（当时"增铜四百金"对明代留下的钟进行了重铸，因为随着人口增加，钟声波及的区域也要扩大）。

据当年参加复建工程并对此前的建筑比较熟悉的一个老人回忆，寝室原来是抬梁式的，柱子要比现在粗得多，现在改成了穿斗式，且柱子很细小。据实地测量，寝室朝北的山墙位置相比原来缩进了3.6米，南边则少了4.6米，这样一来，九开间的建筑每间约少了差不多1米。所以从视觉效果上说，显得柱子过多过密，与郑氏宗祠其他几进的建筑风格完全不同。

特别是现在的厢房，与原来的差距更大。原来厢房的后壁及寝室的两山墙是直接作为祠堂围墙的，但近年恢复时厢房进深只有原来的一半，后面与围墙之间还有一大段空了出来。

还有些是属于文字上的复原差错，比如最后一进厢房有个"仁宦祠"匾额，应为"仕宦祠"；再比如现放在有序堂后廊上的大钟为1997年9月重新铸造，铭文中的"虞"字误为"虞"字。还有很多近年复原的匾额、楹联，多用电脑草体文字，不但不够美观，写法也不够规范，有些内容甚至难以辨认。

这些复建过程中出现的错误，如果不及时纠正，以后就会以讹传讹，再过个二十年，待到老人的记忆也全部消失，有些错误就再也无法修正了。

古建环境的濒危状况

随着经济建设的发展，郑宅镇建设了众多体量高大、形式简陋的现代砖混房，对郑义门古建筑群的传统风貌和环境景观造成了较大的破坏。郑氏宗祠东面、荷厅西南两侧的高大现代建筑严重影响了该两处文物本体的氛围。

新的道路建设也对文物环境造成了一定程度的影响，玄麓路的建设直接导致了守义堂主体建筑的被毁和白麟溪西段风貌的破坏，

东明山因砖窑取土几乎被夷为平地

甚至引发了搬迁荷厅的动议和矛盾。

　　吴莱、宋濂、方孝孺等历史人物长期居留过的东明山，同时也是郑氏同居五世祖德璋公墓所在地，2000年前后被砖窑厂挖去了大半，经过郑定财父子和村中热心人的竭力阻止，才勉强留下一些痕迹。

　　近些年在郑宅镇兴起的制锁行业对水体及环境造成了严重的破坏，加上水电基础设施的缺乏和居民环境意识的薄弱，造成郑义门古建筑群周围环境严重恶化。

　　古建环境保护现存的主要问题：

（1）保护虽然明确，但保护区划尚未划定。对文保单位保护范围和建设控制地带的划定正在编制之中，"国保"上报材料中的保护区划只是对个别的重要古建筑划定了保护范围和建控地带，现在保护范围正在由郑义门文保所上报批准中。

郑氏同居五世祖德璋公墓（1948年摄）（此照片由郑期康提供）

（2）保护管理体制尚欠完善。虽然2008年成立了浦江县郑义门文物保护管理所，编制两名，但保护经

文昌阁内部现状

费缺乏，开展正常工作的难度较大。浦江县江南第一家管理委员会下面有两个公司，浦江县江南第一家旅游发展有限公司、浙江浦江郑义门文化旅游开发有限公司，负责对包括郑义门古建筑群在内的郑宅古镇的旅游经营，却并不承担保护和维修责任。

（3）文物保护经费缺乏。因为经费来源的单一，郑义门古建筑群的保护经费主要依赖于国家的文物维修经费，地方财政配套不

青萝遗址

足，文物保护经费严重短缺。

（4）文物保护力量薄弱。对郑义门古建筑群的保护主要依靠文保所人员，人员力量薄弱。

（5）古建筑的日常维护难度较大。尽管这几年在文保所的努力下对郑义门古建筑群有了系统性的保护措施，但日常维护和安全防范管理体制需要的人力物力缺乏，古建筑群得不到全面、有效的保护。

（6）古建筑保护与村落发展之间冲突严重。随着人口的增长及生产、生活方式的改变，郑宅镇原有的村落规模、基础设施和古建筑的居住条件已不能适应现代生活的需要，居民为改善生活而进行的改造和建设活动对古建筑及其环境造成了较大的破坏。

古建技艺传承的濒危状况

进入新世纪以来，随着经济的发展及外来文化对人们的生活方式的影响，浙中地区的各种传统匠人都感受到了自身技艺濒临失传的压力，很多艺匠都因找不到传人而发愁。对于木雕技艺来说，由于工艺复杂，极其考验人的耐心和耐力，一只小小的牛腿，每天连续工作，也往往要雕刻一周才能完成，一个厅堂的木雕全部做下来，即便是一个师傅带着好几个徒弟去做，没有一年半载的时间也无法完成。

在墙上绘制壁画则同样是一件艰苦的工作。工作的场所因为是古建，一般都没有空调，遇到寒冷的冬天和炎热的夏天，画匠们照样得像往常一样持续绘画，即便是气温宜人，但长期在墙上提着毛笔作画也是一件很累人的事情，没有经过艰苦训练的人，是无法胜任的。

现在的年轻人从小生活在舒适的环境中，短时间的吃苦对他们来说还能胜任，但要持久地做一件枯燥单调的工作对他们而言则是非常艰巨的考验。另外，社会向年轻人提供了很多就业的机会，多数工作岗位并没有像古建行业那样既辛苦又赚不到多少钱，因此在每个传承人那里，都面临着学徒缺乏的危机。在离郑宅镇三十多公里的东阳市有个木雕技工学校，20世纪80年代，每年招生一百人，总有

东阳木雕作坊

数百人来报名，需要考试择优录用，但现在这几年，每年学生只有二十个左右了，而且不需要考试就可以进入。

另一方面，做一个好艺师还需要很多相关的修养。比如木雕，以前的木雕大师如周光洪，雕刻的戏曲人物栩栩如生，其原因在于他对传统戏曲的热爱，由于喜欢看戏，他对戏曲人物的理解较常人更为深入，对于戏曲中每个角色的面容神色、衣着打扮，他都了然于胸，所以才能下刀有数，但现在的学徒很少能有喜欢传统戏曲的，动漫游戏的氛围浸润出来的年轻人对于传统人物的描绘有很深的隔膜。再比如墙画，过去的艺人本身就是一个成功的书画家，比如

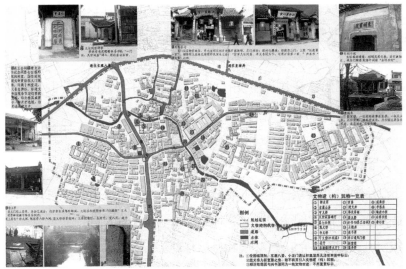

浙江省古建筑设计研究院2007年绘制的保护规划图

倪仁吉、朱杏生等人，他们在从事墙画创作的同时，也进行文人画的创作，他们不仅写得一手好书法，还能作诗，写文章，传统文化的修养极深。因此他们所绘的墙画，既有高超的技巧——线条遒劲有力、笔墨浓淡相宜，又有透过笔墨传达出的气韵。而现在的书画家，不仅达不到古人的水平，稍有点名气的书画家一般都去办展览卖画了，几乎没有人肯来从事建筑墙画的创作。

[叁]保护情况

保护规划框架

指导思想是：坚持"保护为主，抢救第一，合理利用，加强管理"的文物工作方针，正确处理古建保护与经济建设、文物保护与合理利用的关系，采取切实的保护措施和管理手段，使郑义门古建筑群及其环境在得到有效保护的同时，能够得到合理的展示和利用，在现代社会建设中发挥其应有的作用，并能得以可持续的发展。

保护古建本体及其环境的原则：

郑义门古建筑群是郑氏族人在"以儒治家"行为准则的指导下，坚守孝义、聚族同居的重要实物遗存，是郑氏族人适应环境、改造环境、建设家园的产物，为全面有效地保护郑义门古建筑群，必须对其赖以存在的山水环境和村镇格局进行全面的保护。

1. 保护古建本体的真实性原则

在对古建进行修缮、保养和使用时，应十分重视保护现存实物原状与历史信息。修复应以现存的有价值的实物遗存为主要依据，并必须保存重要事件和重要人物遗迹。

2. 保护与研究相结合的原则

为使古建本体得到有效的保护，必须加强保护研究工作，积极开展对古建筑群的保护与利用、保护与发展、古镇风貌与环境保护及家族史、儒学文化及宋濂史迹等多项课题的研究，多学科合作，提高保护的水平。

3. 保护与发展相结合的原则

在充分保护古建的前提下，坚持科学、适度、持续、合理的利用，对古建筑群的环境景观进行综合整治，有效改善市政基础设施，延续和发扬古镇的风貌特色，提高郑宅镇的社会地位和文化品位，适度发展旅游业和特色农业，使郑义门古建筑群在保护中得以可持续发展。

保护对象及范围

1. 郑义门古建筑群

根据各古代建（构）筑物的文物价值、其在郑宅历史上所起的作用和影响、保存的完整程度等因素，对"国保"上报材料中的古建筑和郑宅镇现存的其他古建筑进行评估和认定，明确列入郑义门古建筑群的文物本体为以下三十一处：

①祠堂：郑氏宗祠、昌三公祠（老佛社）、昌七公祠等三处。

②厅、堂、民居建筑：垂裕堂、御史第、尚书第（包括谷口遗风门楼）、新堂楼（敬义堂）（安汝址）、郑文记宅（包括原"镇府小院"及与其对称的东面的一座小院）、守义堂（小同居）、元鹿山房、荷厅等八处。

③碑亭井泉：九世同居碑亭、孝感泉、建文井、正德井（两个井口）等四处。

④桥、闸："十桥九闸"遗存，崇义桥（闸）、集义桥（闸）、眉寿桥、通舆桥、存义桥（闸）、承义桥及第一闸、第九闸、孝感泉闸等

十二处（桥与闸分列计数）。

⑤遗址、遗迹：东明书院遗址、宋文宪公祠遗址、青萝山房故址等三处。

⑥摩崖题刻："玄麓八景"一处，共有"玄麓山"、"桃花涧"、"凤箫台"、"钓雪矶"、"翠霞屏"、"饮鹤川"、"五折泉"、"飞雨洞"、"蕊珠岩"等九块刻石。

2. 郑义门古建筑群的历史环境

保护郑义门古建筑群赖以存在的村镇格局、历史街区、街巷体系、传统建筑、附属文物及村镇的生态环境和历史环境等。

保护沿白麟溪两岸建设发展的村镇格局及由众多文物建筑和传统建筑构成的历史街区和街巷体系。

主要的传统建（构）筑物有：上仓、下仓、后门头、垂裕堂（上台门）。柱史第（中台门）、竹溪堂下台门、屠店花台门、官房（崇岳官府招待所）思发公祠堂、上郑民居群等等。

附属文物有历史遗留的楹联、碑刻、古树名木、家谱典籍、传统生产生活用具。

白麟溪是郑义门古建筑群最重要的历史环境和生态环境，是规划保护的重点对象之一。

根据郑义门古建筑群的分布情况划定保护范围。

以保护古建本体的完整性与安全性为出发点，结合其所在区域

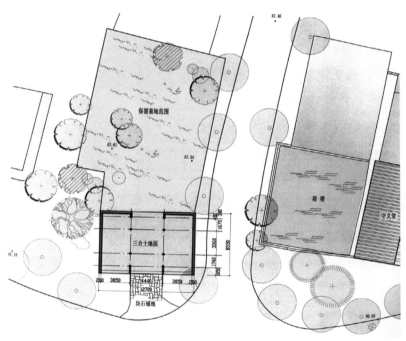

浙江省古建筑设计研究院2007年绘制的荷厅保护规划图

的现存状况，以有效地整治古建本体的周边环境，科学地发掘郑义门古建筑群历史文化内涵为目的，在现状分析的基础上，综合考虑建筑保存现状、环境状况及对文物建筑本体的综合影响，以保证郑义门古建筑群的有效保护、合理利用为前提，划定郑义门古建筑群的保护区划。

因郑义门古建筑群所处的村镇环境较为特殊和复杂，村镇的部分街巷尚无门牌号码，对保护区划的细致描述难以进行，故以图纸表达为准，一旦本规划所划定的保护区划得以批准，建议当地相关部门尽快采用GPRS定位法明确保护范围的四至边界。

在保护范围内不得进行其他建设工程或者爆破、钻探、挖掘等作业，因特殊情况需要在保护范围内进行其他建设工程或者爆破、钻探、挖掘等作业的，必须保证文物保护单位的安全，并经省人民政府批准，在批准前应征得国家文物局同意。

对已经构成破坏和影响古建安全的因素必须采取措施，限期拆除对古建造成破坏性影响的设施。

古建修缮工程必须由具有文物保护甲级资质的设计单位编制，工程设计方案应按照法定程序办理报批审定手续，方案批准后方可组织施工，工程应由具有文物保护一级资质的施工单位承担。

在保护范围内应加强对古建本体的安全管理，应严格按国家有关规定设置安全保卫设施，加强用火用电的安全管理，建立应急预案。

根据相关环境的完整性、和谐性，在浦江县博物馆郑义门古建筑群"四有"档案划定的建设控制地带基础上，进行调整和划定建设控制地带。

建设控制地带的划定尽可能囊括与文物保护单位相关密切的历史地理环境，并形成文物保护单位的完整、和谐的视觉空间和环境效果。在保证保护文物保护单位的风貌完整性的同时，兼顾保护的有效性和规划的可操作性。

在文物保护单位的保护范围和建设控制地带内，不得建设污染文物保护单位及其环境的设施，不得进行可能影响文物保护单位安全及其环境的活动。对已有的污染文物保护单位及其环境的设施，应当限期治理。

在建设控制地带内进行基本建设，建设单位应当事先报请上级文物部门，组织具有考古发掘资格的单位对工程范围内有可能埋藏文物的地方进行考古和勘探。考古调查、勘探中发现的文物，由上级文物部门根据文物保护的要求会同建设单位共同商定发掘计划及保护措施。

在建设控制地带内的新建建筑应在详细规划和建筑设计的基础上进行，其规模、体量、高度、风格必须与古建筑群的传统风貌特色相协调。

保护措施

需要遵循的原则有：

1. 不改变古建原状的原则

对古建进行修缮和保养，应重视对实物原状与历史信息的保护，严格保留古建筑的原有结构、体量、形式、材料和色彩等建筑原貌，修复应以现存的有价值的实物遗存为主要依据，并应保护重要事件和重要人物遗留的痕迹。而对古建筑的使用应以保护和展示实物遗存的价值为前提，不得以使用的名义对建筑的外观造型、建筑构造和空间分隔形式随意进行更改。

2. 最低干预的原则

对古建本体的维修，应以延缓现状、缓解损伤为主要目标，必须干预时，干预手段只用在最必要的部分，并减少到最低限度。

3. 保护古建环境的原则

与古建相关联的自然与人文景观是构成古建环境的重要组成部分，应当在保护文物古迹的同时，对周边环境进行统一的保护，弄清影响安全和破坏环境景观的环境因素，不得进行破坏文物保护单位的历史风貌的建设，不得建设污染环境、影响安全的设施。

4. 重保养、重预防的原则

为使古建得到长远的持续的保护，加强日常保养是最基本和重要的保护手段，通过定期监测可及时排除不安全因素和轻微损伤，减少工程维修对文物价值造成的损害。通过改善保护环境、完善防灾设施，预防可能出现的破坏。

对古建本体的保护和修缮，严格按照《中华人民共和国文物保护法》和"保护为主，抢救第一，合理利用，加强管理"的文物工作方针对文物建筑进行保护；根据《全国文物保护单位保护范围、标志说明、记录档案和保管机构工作规范（试行）》的要求，设置专门的保护管理机构加以管理、建立详细的记录档案、划定保护范围和竖立标志说明；根据文物建筑的价值和保存状况，制定相应的保护和展示方案，分期分批进行维修，对破损严重和濒临危险的保护对象应尽快制定抢修方案。

1. 实施维修工程的要求

①古建保护工程必须按国家规定由具有文物保护勘察设计甲级资质的单位进行设计，重要的设计方案应组织专家论证，依法审批后方可实施。

②工程实施及监理单位也必须由具有相应资质和具有文物建筑修缮经验的单位承担。

③修缮工程应做好前期勘测研究和设计工作。施工前应制定严格的质量责任制度和保修制度。施工中发现重要遗迹现象，应立即停工，进行详细勘察，报经原批准部门同意后方可重新施工，施工中如需对设计进行修改，必须重新履行报批手续。

④产权属于集团或私人的建（构）筑物由其所有人负责日常的保养和维修，所有人不具备修缮能力的可以申请当地政府予以帮助，所有人具备修缮能力而拒不履行修缮义务的，县级以上人民政府可以给予抢救修缮，所需费用由所有人承担。

2. 文物建筑的修缮要求

①维修时应尽可能多地保留建筑的原有构件，对具有结构作用

泥瓦匠在修复祠堂厢房的屋顶

的残损或缺损部分，须在论证充分、并具有一定理论依据的基础上作必要的还原。

②在修配旧构件、更换不能使用的原构件和恢复建筑原有构件时，应采用与原有构件相同质地的材料。

③修缮时，应遵循先基座后木构，先瓦顶后地面的步骤进行，维修主体构架应自下而上地进行；屋面、断白工程自上而下地依次进行。

3. 文物建筑的修缮要点

①石作、地面工程。根据其原有的铺地做法对残缺和破损的室内外地面进行修补；对残损、劈裂的阶沿石进行加固及归位，局部破损又不影响结构作用的，不需要修补；对出现基础沉降的建筑进行加固和纠偏；疏通建筑原有的排水体系。

②木作工程。对出现歪闪和不均匀沉降的梁架进行纠偏和扶正；针对柱、梁、枋、檩等承重构件出现的残损情况，根据其残损情况的不同，采取以下的修缮措施：只对蛀蚀

中空和霉烂严重、确定已不能起到承重作用的木构进行更换；对局部糟朽、开裂的木构采取刷补、墩接、镶拼等方法进行加固，必要时可用铁箍增强；牛腿、雀替等非承重结构的维修，对出现残损、劈裂的构件，应尽可能采取粘接、拼补等方法予以加固；

门、窗、隔断等木构的维修，对后期添加、改动的外檐和室内隔断进行拆除，恢复其原有的形式。对破损、丢失的门、窗、隔断进行修补和补配；将部分更换下的艺术构件及梁架构件进行登记造册，并经防腐处理后用于陈列和展示。

③屋面工程。对朽烂严重的椽子、望板（砖）和连檐进行更换；

古建公司在郑宅维修新堂楼

对破损屋面进行翻修时，应尽量多地保留质量尚可的原瓦件；可根据现存或当地传统的形式和做法对破损或丢失的脊饰加以修补和恢复。

④断白工程。因郑义门古建筑群的木构件主要以原木色为主，在维修时，应保护和维持该用色原则，一般只对其进行无水清洁处理。对于新换的木构件可适当做旧，使其在色泽上与老构件相协调，外涂两遍熟桐油。

⑤墙体。对发生空鼓、坍塌的墙体进行修补加固；对发生歪闪、倾斜的墙体加以扶正；按照外墙原有的外观形式（清水砖墙、白粉墙等）进行维修。

⑥墙画保护。对古建筑群中的墙画进行深入调查，建立档案，详细记录墙画所在的建筑、题材、作者、画幅大小等资料，并逐幅拍摄数码照片；在修理和粉刷墙体时，应注重对墙画的保护，避免发生墙画或被拆毁或被清洗或被覆盖的情况；注重对浦江墨线墙画技术的保护和传承工作。

⑦防护措施。防火，加强消防通道、消防水源等消防必备设施的建设，清理建筑内外的易燃物质，室内电线应套管进行铺设，加强室内手提灭火器的配备，普及使用者的消防意识和灭火能力；

防雷，应按《建筑物防雷设计规范》GB50057—94（2000年版）的要求对重要的古建筑进行设计和安装。

防虫防腐处理，应加强对原构件和新构件的防虫防腐处理，柱头、柱脚、梁头、榫卯及门窗等艺术构件是防护的重点。

对古建环境的保护与整治为：

1. 保护原则

对构成郑义门古建筑群环境的村镇格局、历史街区、街巷体系、传统建筑、附属文物及村镇的生态环境等进行全面保护。历史环境是郑义门古建筑群得以产生、存在和发展的重要条件，对古建环境的保护能更好地揭示古建筑群发展的历史和文化内涵。

在对古建环境进行保护时，主要保护其历史的真实面貌，保持其风貌的完整，注重历史风貌与村镇内其他建筑物的协调统一，同时对村镇原住民（主要是郑氏后人）的生活传统和文化习惯也要加以保护和传承。

2. 保护措施

对构成村镇格局的传统建筑、道路、街巷和公共活动空间及构成村镇历史环境的山林、水体、桥梁、河埠跌水、古井、古树名木等进行梳理与保护。

将白麟溪、玄麓山、青萝山等作为郑义门古建筑群重要的历史环境进行保护，除保护遗留其中的历史文化遗存外，还对其自然形态、景观风貌和植被生态等进行综合保护。

保护传统的村镇格局和道路体系，保护与恢复原有的公共活动空间，对河埠、古井、广场、晒场等传统生活空间进行保护与适度恢复，目前已修复的主要空间有白麟溪沿岸、垂裕堂晒场、新堂楼西侧晒场等。

3. 传统建筑的保护

对象为在郑氏家族聚族同居历史上起过一定作用、能集中反映郑宅镇历史风貌、文物价值相对较低、保护不甚完整的古代建（构）筑物，其中的很大一部分为传统民居建筑，建筑的时间也相对较晚（清末和民国年间）。

对于该类建筑的保护可在保护其建筑结构、建筑外观和建筑形式不变的前提下，根据居住者的实际生活需求对其内部适当地进行改善，增加现代生活所必需的基本设施，使传统建筑得以长久保存的同时，维持生活的延续性。

4. 环境整治

整治的目的旨在通过对现代建筑及村镇风貌的整治、修复古建环境，彻底改变郑宅镇现有的"脏、乱、差"的环境风貌和因过多过大新建筑而对郑义门古建筑的传统风貌造成的极大破坏。

在对郑宅镇现代建筑的体量、形式、外观风貌与保存情况进行调查分析的基础上，根据其与郑义门古建筑群的协调程度，将其分为协调、基本协调和不协调三类。

对于建筑体量不大、建筑质量较好、建筑风貌与郑义门古建筑群较为协调的建筑，维持现状，予以保留。

对于建筑质量较好、风貌较差，但通过整改可与郑义门古建筑群相协调的现代建筑，通过降层、调整外观形式、色彩和材料等整改手段，达到与郑义门古建筑群及其环境协调。

对于严重影响古建建筑安全，影响古建筑群传统风貌和空间形态的建（构）筑物，或违章搭建、后期加建的建（构）筑物，予以拆除。

规划区域内的新建建筑应在详细规划的基础上进行，其规模、体量不宜过高过大，高度应符合其所在区划的建筑控高要求，建筑风格、屋顶形式、外墙门窗等形式必须与古建筑群的传统风貌特色相协调。

规划区域内的建筑高度一至两层为主，最高不得超过三层，建筑的檐口控制在6至9米以内，且建筑高度应呈现出从郑义门古建筑群的保护范围——建设控制地带——景观协调区三级范围自低而高渐变的态势。

整改后的古镇色彩控制为黑、白、灰、土色及原木色、红褐色。

黑色为屋面小青瓦的色泽。

白、灰、土色为建筑外墙的色泽。

原木色、红褐色为木构和建筑门窗的色泽。

建筑屋顶形式应以坡屋顶的传统形式为主。

实行管线入地，清除村镇中的电线杆和各种线网。

　　规划区域内的各种标识、招幌、路灯等应尽量采取与古建筑风格相协调的形式。

　　对与郑义门古建筑群及与郑氏家族同居历史有关的附属文物（历史遗留的楹联、碑刻、古树名木、家谱典籍、传统生产生活用具等）进行系统调查，建立详细的档案资料，建议采用摄影、誊抄、拓版、复制、出版发行等多种手段来保护、研究与传承这些珍贵的历史文化遗存，并提高保管与科学修复的技术和手段。

后 记

　　郑义门九世同居在明朝时就已经名满天下，近几十年来关于郑义门家族的研究文本种类繁多，不过几乎所有的关注焦点都指向了这个历史上照耀了数百年的家族本身，包括它那严谨的家族规范、郑氏代表人物的生平以及郑义门与各个朝代的统治者的关系等等，有些研究已经深入到了社会制度和家族制度的互动关系之中。但很少有人把目光投向伴随着家族漫长历史的郑义门众多的古建筑，这些建筑在朝代的兴亡、自然灾难以及战争的硝烟之中历经沧桑，迄今仍顽强屹立，并以其壮阔的面容和丰富的建筑文化与今人相见。它们书写着另一种历史，在这条历史长河中，驾驭风浪的是郑宅镇乃至浦江县的众多匠人，他们的创造与义门儒学治家的细节融合，汇成了古建历史上最辉煌的一幕。本书要记录的正是这些建筑方面的细节，透过斑驳的山墙、残缺的墙画和磨损的石柱，试图接近那些已经销声匿迹的匠师们。

本书的写作首先要感谢金华市文化局朱江龙副局长、著名"非遗"专家陈华文教授，他们对我的信任使我这个建筑的门外汉迈出了艰难的第一步。还有金华市非物质文化遗产保护中心副主任黄欢，在写作过程中，她不断给予我实质性的帮助，保证了本书的顺利完成。

在郑宅采访、学习期间，郑义门文保所蒋理仓书记给我以很大的帮助，对于我不断提出的写作方面的各种要求，他都能尽力协助，想各种办法帮助解决，记得有一次为了给我提供资料，在双休日特地从浦江县城赶到郑宅镇。还有浦江县博物馆副馆长张智强，不但提供给我馆里与郑义门相关的一切资料，而且给我提供了写作思路。

当然，要重点致谢的是对于本书给予了最大支持的郑氏后人：郑定财、郑定汉、郑定淳以及众多宽厚的郑家长者，包括郑可淳先生的儿子郑期康，没有他们的支持和帮助，本书的写作绝不可能完成。

我第一次到郑宅，郑定汉先生就向我提供了许多他们家族自行印刷的书籍，并在后来的多次访问中为我解答了许多疑问，且对我的初稿提出了许多宝贵的意见。这里尤其要感谢的是郑定财、郑有理父子，郑定财先生学识渊博，古文、诗词修养深厚，对于郑氏家族的历史更是了如指掌，他不仅数次向我提供许多珍贵的资料，而且逐字逐句查看了本书初稿，提出了许多修改意见，他提出的一些意见和见解连当今的许多历史专家都望尘莫及。因此，本书的作者，虽然写的是我的名字，其实依然是郑氏后人，我只是一个记录者而已，他们专门设有一个"郑义门文史研究会"，这个研究会汇聚着郑义门家族依然生活在郑宅镇的精英们。

本书的写作还要感谢浦江县文广新局的朱骏先生、郑宅镇文保所副所长张雪松及浦江县老摄影家张文晖先生，还有浙江师范大学的毛策先生、临海市古建公司的何才荣先生、墙画艺师潘永光和他的儿子潘镜明，以及我的恩师施明德先生、我的好友施晨光、翁志飞、高旭彬、学生沈倩璐等，他们或帮助寻找线索，或提供古建的相关知识，或提供相关资料，或帮助整理照片。另外，在本书的成书过程中，省非物质文化遗产专家王其全老师给予了指导和帮助，在此表示衷心的感谢。还有要特别致谢的是我的朋友、金华职业技术学院古建教师胡波，他和他的学生谢松的支持也是本书完成的必要条件。

郑义门建筑营造技艺历史积淀极为深厚，但限于本人肤浅的水平以及写作时间的仓促，书中所写的仅仅是其技艺的冰山一角，肯定有很多建筑上的营造特点以及历史上的营造匠师被我短近粗率的目光所忽略，凡此种种缺点希望后来的专家和学人能加以补充及修正。

责任编辑：方　妍
特约编辑：张德强
装帧设计：任惠安
责任校对：朱晓波
责任印制：朱圣学

装帧顾问：张　望

本书图片除注明摄影作者外，均由本书编著者林友桂拍摄。

图书在版编目（ＣＩＰ）数据

　　浦江郑义门营造技艺／林友桂编著. －－ 杭州：浙
江摄影出版社, 2014.11（2023.1重印）
　　（浙江省非物质文化遗产代表作丛书／金兴盛主编）
　　ISBN 978-7-5514-0738-0

　　Ⅰ. ①浦… Ⅱ. ①林… Ⅲ. ①民居—古建筑—介绍—
浦江县—古代 Ⅳ. ①K928.71

中国版本图书馆CIP数据核字（2014）第223597号

浦江郑义门营造技艺

林友桂　编著

全国百佳图书出版单位
浙江摄影出版社出版发行
　　　　地址：杭州市体育场路347号
　　　　邮编：310006
　　　　网址：www.photo.zjcb.com
制版：浙江新华图文制作有限公司
印刷：廊坊市印艺阁数字科技有限公司
开本：960mm×1270mm　1/32
印张：6.5
2014年11月第1版　　2023年1月第2次印刷
ISBN 978-7-5514-0738-0
定价：52.00元